POEIRA COMBUSTÍVEL
Requisitos de segurança
em áreas classificadas

José da Silva

POEIRA COMBUSTÍVEL

Requisitos de segurança
em áreas classificadas

Primeira edição

Montagem de capa e ilustração: Kleber Robson Ribeiro
Diagramação: Kleber Robson Ribeiro
1ª Edição: Outubro de 2022
Formato: 14 x 21 cm
Número de páginas: 152

Dados Internacionais de Catalogação na Publicação (CIP)
(Câmara Brasileira do Livro, SP, Brasil)

Silva, José da
Poeira combustível : requisitos de segurança em áreas classificadas / José da Silva. -- 1. ed. -- Jundiaí, SP : Ed. do Autor, 2022.

Bibliografia.
ISBN 978-65-00-53907-3

1. Combustíveis 2. Explosões 3. Matérias-primas combustíveis 4. Produtos químicos - Incêndios e prevenção de incêndios I. Título.

22-130245 CDD-363.179

Índices para catálogo sistemático:

1. Produtos químicos : Prevenção de riscos : Problemas sociais 363.179

Aline Graziele Benitez - Bibliotecária - CRB-1/3129

bravema
Editora e Consultoria Eireli

Bravema editora e consultoria Eireli
Av. Nove de Julho, 3405 Sala 711 Anhangabaú - CEP 13208-056 - Jundiaí - SP
Fone 11 4087-3270
e-mail: mkt@bravema.com.br

Poeira combustível

Poeiras combustíveis estão muito mais presentes em nossas vidas do que podemos imaginar, elas fazem parte do processo de grande número da indústria em todo o mundo e são formadas a partir de partículas sólidas produzidas durante o transporte, manipulação, esmagamento, trituração, impacto e quebra de produtos orgânicos e inorgânicos, incluindo soja, milho, arroz, trigo, açúcar, algodão, celulose, Benzotriazol, carvão, borracha e metais, como, alumínio, titânio, ferro, entre outros.

Esta obra é dedicada à
Giovanna Niculau Plakans

Sumário

APRESENTAÇÃO À PRIMEIRA EDIÇÃO

Os equipamentos elétricos, eletrônicos e não elétricos instalados ou utilizados nos locais com presença de poeira combustível, são fonte de risco potencial, por causa do centelhamento ou do calor produzidos por eles. Sendo assim, a seleção, a utilização, instalação, montagem, inspeção, manutenção e reparo deles, devem ser realizadas de forma que possa garantir a segurança dos locais e das pessoas que neles transitam. A ignição da atmosfera contendo poeira combustível, pode ocorrer por meio de uma fonte de energia, e essa pode ter origem no centelhamento produzido pelos equipamentos, no calor liberado por eles, na eletricidade estática ou outra fonte de ignição com energia suficiente. Explosões podem causar a destruição dos edifícios e instalações, contabilizando prejuízos e comprometendo a segurança dos trabalhadores, além de causar danos ao meio ambiente. Dessa forma, não basta somente adquirir equipamentos adequados, é necessária que a instalação, inspeção, manutenção e reparo, sejam realizados durante todo o ciclo de vida, por profissionais experientes, que conheçam os equipamentos e as normas pertinentes.

Esta obra tem por finalidade, compartilhar o conhecimento adquirido sobre equipamentos elétricos para uso em áreas classificadas, assim como os resultados obtidos durante as pesquisas e estudos realizados sobre poeira combustível.

Poeiras combustíveis estão muito mais presentes em nossas vidas do que podemos imaginar, elas fazem parte do processo de grande número da indústria em todo o mundo e são formadas a partir de partículas sólidas produzidas durante o transporte, manipulação, esmagamento, trituração, impacto e quebra de produtos orgânicos e inorgânicos, incluindo soja, milho, arroz, trigo, açúcar, algodão, celulose, Benzotriazol, carvão, borracha e metais, como, alumínio, titânio e ferro, entre outros.

Lembrando que as normas podem sofrer alterações ao longo do tempo, ao se apropriar dessas informações, você deve certificar-se de que elas estão atualizadas. Outro aspecto relevante que merece ser relatado, é sobre a complexidade e os riscos oferecidos por poeiras, portanto, esta obra não pretende trazer todas as informações a respeito dos perigos em que as pessoas estarão expostas nesses locais, dessa forma, sugere-se que profissionais experientes devem ser contratados para avaliar sua planta e implementar um sistema de segurança efetivo.

Esta obra apresenta uma visão geral sobre as características e comportamento das poeiras, principalmente o perigo de explosão, apresentando também uma visão geral sobre classificação de áreas perigosas e sobre os equipamentos elétricos que podem ser utilizados.

O livro tem como abordagem central, o equipamento elétrico e não elétrico instalados nesses locais, sendo assim, recomenda-se que seja utilizado equipamentos e materiais de instalação com qualidade adequada e que ofereçam segurança, da mesma forma você deve conduzir para que inspeções periódicas, bem como a manutenção e o reparo dos equipamentos e das instalações sejam realizados durante todo o ciclo de vida deles, de acordo com a norma ABNT NBR IEC 60079-17 e outras pertinentes.

O conteúdo desta obra pretende também, orientar você sobre os riscos aos quais os trabalhadores estão envolvidos nos locais com presença de poeiras combustíveis, sendo assim, é recomendável treinamentos periódicos para todas as pessoas que transitarem nesses locais.

PREFÁCIO

A obra do professor José da Silva, representa uma contribuição inestimável quando se trata de segurança nas áreas com presença de atmosferas explosiva formada por poeira combustível.

As atividades envolvidas no processo de produtos orgânicos e inorgânicos que geram poeiras, oferecem riscos de incêndio e explosão por causa da atmosfera explosiva formada esses produtos, sendo assim, você deve conhecer quais produtos podem formar atmosferas explosivas; elas são formadas quando poeiras combustíveis são liberadas formando nuvens na atmosfera ou quando ficam depositadas em forma de camadas dentro dos edifícios ou sobre os equipamentos e instalações.

Com riqueza nos detalhes, a obra apresenta os princípios básicos sobre o comportamento e os riscos decorrentes da presença da poeira nas diversas atividades. O autor faz uma alerta sobre os cuidados que devem ser tomados para evitar os acidentes nesses locais.

A obra apresenta os princípios básicos sobre o projeto de classificação de áreas, conforme os requisitos da norma ABNT NBR IEC 60079-10-2 contribuindo imensamente com profissionais e pesquisadores interessados no assunto, o referido projeto pode ser considerado a base fundamental que vai orientar sobre a segurança, ele aponta as informações necessárias para a seleção dos equipamentos, bem como, a instalação, inspeção, manutenção e reparo deles. Dessa forma o estudo de classificação é capaz de apresentar os níveis de risco que poderão estar presentes ou classificar uma área com não perigosa (área não classificada).

A instalação dos equipamentos elétricos representa um capítulo importante para evitar que esses se tornem fonte de ignição, dessa forma, o livro apresenta os requisitos sobre o assunto, de acordo com a norma de instalação ABNT NBR IEC 60079-14.

Sobre a instalação de prensa-cabos à prova de explosão, o livro compartilha um roteiro detalhado com as instruções de montagem recomendadas pela norma, incluindo os detalhes para a seleção deles.

Compreender sobre a identificação e marcação, bem como a seleção dos equipamentos é outro assunto de grande importância quando se refere a áreas classificadas, nesse contexto a obra apresenta os detalhes apontados pelas normas, contribuindo com o trabalho de todos os profissionais envolvidos com o projeto, fabricação, seleção, instalação, inspeção, manutenção e reparo do equipamento.

Escrito numa linguagem simples e direta, o livro é leitura recomendada para técnicos, engenheiros, projetistas, instaladores, eletricistas, pesquisadores, estudantes e outros interessados no assunto, podendo ser usado como material de consulta e pesquisa.

Para completar, a obra descreve um resumo sobre o sistema de certificação ATEX, conforme a diretiva 2014/30/UE e diretiva 1999-92CE, e sobre o sistema IECEx, incluindo detalhes sobre a marcação de conformidade para essas normas.

Por se tratar de uma obra escrita sob a ótica das normas ABNT NBR IEC 60079 e ABNT NBR ISO/IEC 80079, ela pode ser usada por profissionais, estudantes e pesquisadores em diversos países, tais como Brasil, Portugal, França, Bélgica, Alemanha, Polônia, Dinamarca, Grécia, Finlândia, Irlanda, Áustria e outros que adotam as normas internacionais IEC (International Electrotechnical Commission), sistema IECEx - ATEX.

Roberto Cícero de Souza

Engenheiro eletricista formado pela Universidade Presbiteriana Mackenzie.
Consultor especializado em classificação de áreas e inspeção de equipamentos elétricos em atmosferas explosivas.
Diretor técnico na Conatex Conformidade em Atmosfera Explosiva Ltda.

UMA BREVE HISTÓRIA

Por volta de 3000 a.C. a iluminação de minas subterrâneas era feita com lamparina a óleo, como relata Trotter (1983). Os reservatórios de combustível eram feitos de barro queimado, pedras em forma de pires, conchas e pedaços de madeira escavados para criar uma cavidade que armazenava o combustível. Nestas mesmas minas, nichos horizontais naturais da rocha eram recheados com gordura e ali se usava pavio de cabelo animal retorcido ou fibra vegetal; a iluminação era provisória e apresentava um rendimento de aproximadamente meia hora de luz, até que a gordura tivesse de ser abastecida. Com o passar do tempo esse tipo de lamparina foi substituída por outras mais modernas, ficaram alongadas e surgiram os modelos fabricados de metais, conforme lamparina romana apresentada na Figura 1.

Figura 1 - Lamparina romana de latão a óleo

Fonte: Trotter (1983, p. 2). Registros de 3.000 a.C. mencionam seu uso em minas

A primeira evolução em termos de iluminação de mina ocorreu por volta de 100 a.C. quando foi introduzido o uso de velas, feitas de um bastão de gordura com pavio de algodão e cera que, frequentemente, substituía a gordura por queimar uma chama mais clara e duradoura.

As velas eram utilizadas nas minas de carvão e nas minas de metais. Elas eram fixadas em um bloco de argila molhado e depois prensadas em uma fenda da rocha. O uso de velas nesse período foi um avanço da lamparina aberta para uso na iluminação de mina.

Ao final do século XVI, nos países ocidentais, a gordura utilizada nas lamparinas era armazenada numa pequena placa metálica lisa, outras vezes fazia-se um buraco no prato para que ela pudesse ser montada em uma vareta. A lamparina podia ser pendurada numa rocha através de um longo braço vertical.

O uso de chama aberta em minas de carvão consistia numa prática muito perigosa, podendo provocar explosões por causa do metano e do próprio carvão; por outro lado a indústria de mineração desenvolvia-se rapidamente, pois existia grande demanda para o consumo do carvão, impulsionado pela revolução industrial. Sendo assim, a primeira área com a presença de atmosfera explosiva conhecida e registrada pelo homem foi nas minas de carvão, nas quais a atmosfera explosiva era formada pelo gás metano e eventualmente pelo próprio carvão que ficava suspenso em forma de nuvem dentro da mina.

Nessa época, a iluminação na maioria desses locais ainda era feita através de lamparina com chama aberta abastecida com óleo, conforme mostra a Figura 2.

Desse modo, essa fonte de luz se tornava uma fonte de ignição poderosa por causa da presença do metano e do carvão misturados com o oxigênio da atmosfera.

Figura 2. Lamparina abastecida com óleo

Fonte: Trotter (1983, p. 2). Lamparina sul-americana a óleo (aproximadamente 1850), abastecida com gordura de pele de focas prenhas. A alça permitia manter a lamparina na posição vertical quando apoiada na ponta da vareta.

No período que sucedeu a revolução industrial, a Inglaterra em particular foi atormentada por causa das explosões provocadas com lamparina de chama aberta durante a extração do carvão.

O metano ainda não havia sido identificado: sabia-se que era um gás, chamado na época de "ar explosivo" ou "inflamável", e que era a causa das explosões.

Naquela época os homens se recusavam a trabalhar nesses locais, pressionando os empresários a tomarem medidas de segurança mais eficazes. Os trabalhadores sabiam que as lamparinas eram a causa das explosões, por isso foram experimentados vários métodos para iluminar as minas, dentre eles incluem: uso de jarras de vagalumes, tentar enxergar usando o brilho fosforescente da decomposição de peles de arenque ou musgo; e usar espelhos ou outro material refletor para direcionar a luz do sol que entrava pela boca da escavação.

Na tentativa de garantir a segurança dos

trabalhadores, lançou-se mão de um método drástico para evitar os acidentes. Um mineiro especialmente designado se enrolaria em tecido molhado e, quando a mina estivesse muito silenciosa, cuidadosamente entraria nela com uma vela acesa. Este mineiro era chamado de bombeiro e o uso desse termo data desta época. Com o ar parado, o gás inflamável tendia a se concentrar nas partes mais altas da mina. O bombeiro ficava o mais abaixado possível e com muito cuidado levantava sua vela na área a ser testada. Se tivesse sorte, qualquer explosão a partir daí seria pequena e passaria acima de sua cabeça sem feri-lo. Obviamente alguns bombeiros tinham mais sorte que outros.

Depois disso, outros trabalhadores deram continuidade nessa tarefa para eliminar o gás metano no interior da mina. Eles seguravam uma vara bem longa com uma chama na sua ponta para inflamar o gás, sendo que posteriormente os operários foram substituídos por pôneis equipados com selas especiais. Os pôneis eram mergulhados em água fria, e depois velas acesas eram fixadas na cela, eles saíam galopando dentro da mina na expectativa de causarem pequenas explosões, eliminando dessa forma a concentração do gás metano para que os operários trabalhassem em segurança.

Na tentativa de construir uma lamparina segura para mineração, no ano de 1750 um mecânico de mina chamado Carlisle Spedding desenvolveu um esmeril de aço, chamado de "esmeril de Spedding", conforme apresentado na Figura 3.

O Esmeril de Spedding era operado normalmente por um garoto que, acionando uma manivela, provocava faíscas e servia para iluminação. O invento oferecia alguma segurança quando comparado com as lamparinas de chama aberta, mas uma manivelada mais vigorosa normalmente provocava a ignição da atmosfera no interior da mina.

Figura 3 - Esmeril de Spedding – 1750

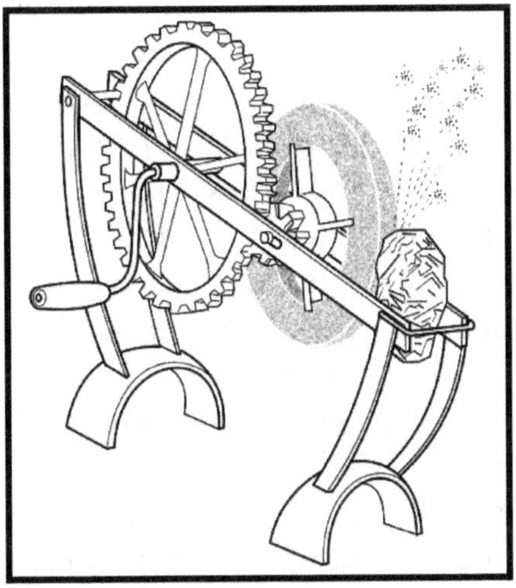

Fonte: Trotter (1983, p. 6).

Trotter (1983) refere que no dia 25 de maio de 1812 houve uma grande explosão em uma mina de carvão em Brandling Main, Wasllsend no norte da Inglaterra, causando a morte de 92 trabalhadores. A atmosfera explosiva era formada pela mistura do gás metano com o oxigênio do ar existente no interior da mina. O autor relata ainda que os trabalhadores utilizavam lamparinas ou velas com chama aberta.

Depois daquele acidente o governo inglês convocou um cientista renomado na época, Sir. Humphry Davy, para desenvolver uma lamparina segura para uso em mineração subterrânea. Ele trabalhou com determinação, experimentando mistura de ar-metano em vários protótipos de lamparinas. Quando apresentou seu protótipo, Davy foi saudado como herói da indústria britânica de mineração.

A lamparina possuía uma malha metálica bastante

fina, a qual impedia a passagem da chama para a atmosfera e o calor era dissipado pelo metal evitando a ignição da mistura explosiva dentro da mina. A lamparina atendeu à necessidade de segurança, mas paradoxalmente aumentou o número de acidentes, uma vez que os mineiros depositaram muita confiança na segurança que ela oferecia.

Acontece que a lamparina não era totalmente segura, assim, em situações adversas, apresentava problemas quando exposta a velocidade de ar de aproximadamente 1.7 m-s (-1), transformando-se numa fonte de ignição, comprometendo a segurança dos trabalhadores. A lamparina de Davy utilizava normalmente querosene como combustível e foi largamente utilizada, principalmente na Inglaterra, Europa Continental e América do Norte, até aproximadamente 1915. Muitas outras lamparinas foram desenvolvidas até esse período. Para se ter uma ideia, em 1884 somente no Reino Unido, Bélgica, França e Alemanha foram submetidas em teste 250 lamparinas diferentes; dentre elas destacam-se as de: Davy, Stephenson, Clanny, Mueseler, Boty e Elgin. Um dos modelos da lamparina pode ser visto na Figura 4.

Figura 4 - Lamparina de segurança de Davy

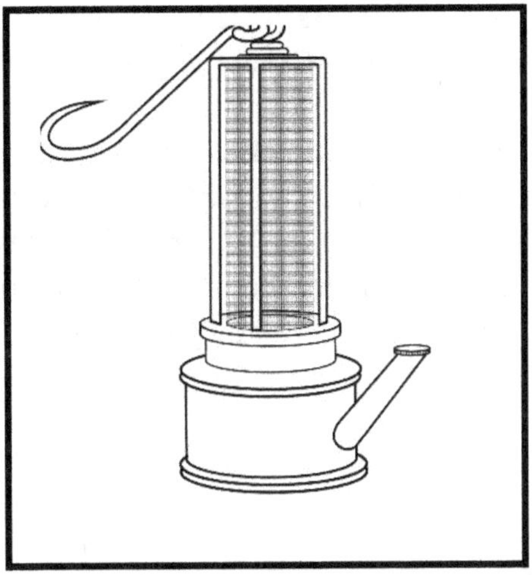

Fonte: Trotter (1983, p. 6)

Na tentativa de oferecer segurança aos trabalhadores, vários outros tipos de lamparinas foram desenvolvidos e somente em 1947 as lâmpadas fluorescentes foram utilizadas nas minas dos Estados Unidos, e no ano seguinte foram utilizadas na França. Embora tenha se tentado usá-las para iluminação de parede, essas lâmpadas não eram práticas, pois os longos tubos eram facilmente suscetíveis à quebra, entretanto, foram muito usadas como iluminação de linhas de alimentação e no fundo dos poços das minas, frequentemente preferidas no lugar de bulbos incandescentes, por serem menos brilhantes.

1 TERMINOLOGIA E DEFINIÇÕES

De acordo com as normas referenciadas nesta obra, alguns termos e definições são utilizados quando se trata de equipamentos, componentes, propriedades, fenômenos e características das instalações elétricas em atmosferas explosivas. A seguir, estão relacionados alguns dos termos usados.

1.1 ATMOSFERA EXPLOSIVA

Uma atmosfera é considerada explosiva quando substâncias inflamáveis na forma de gás, vapor, névoa ou poeiras combustíveis são liberadas e misturadas com o oxigênio do ar, podendo ser inflamada através de uma fonte de ignição, a partir da concentração mínima de explosividade (CME) da poeira ou a partir do limite inferior de explosividade(LIE) no caso da atmosfera explosiva gasosa.

1.2 ATMOSFERA EXPLOSIVA DE POEIRA

ABNT NBR IEC 60050-426, considera atmosfera explosiva de poeira como sendo "mistura com o ar, sob condições atmosférica, de substâncias combustíveis na forma de poeira, a qual, após a ignição permite uma propagação autossustentada". Sendo assim, uma atmosfera é considerada explosiva, quando poeiras combustíveis estiverem suspensas em forma de nuvem misturada com o oxigênio do ar, podendo entrar em combustão através de uma fonte de ignição, a partir da sua concentração mínima de explosividade.

1.3 ÁREA CLASSIFICADA COM POEIRA

De acordo com as normas, uma área é classificada quando uma atmosfera explosiva de poeira combustível está presente ou então pode estar presente em quantidade suficiente, razão pela qual são necessárias precauções especiais para o projeto, fabricação, instalação, utilização, inspeção e manutenção de equipamentos elétricos. Dessa forma, uma área é classificada a partir do momento em que um profissional faz o estudo e apresente o projeto conforme a norma ABNT NBR IEC 60079-10-2.

1.4 FONTE DE LIBERAÇÃO DA POEIRA

Ponto ou local a partir do qual a poeira pode ser liberada para atmosfera. A fonte de liberação pode ser a partir do confinamento ou mesmo de uma camada de poeira.

1.5 TEMPERATURA MÍNIMA DE IGNIÇÃO DE UMA CAMADA DE POEIRA

Menor temperatura de uma superfície quente, na qual ocorre a ignição de uma camada de poeira sob condições especificadas em ensaio.

1.6 TEMPERATURA MÍNIMA DE IGNIÇÃO DE UMA NUVEM DE POEIRA

Mínima temperatura de uma superfície quente, na qual a mistura com maior facilidade de causar a ignição da poeira com o ar , entra em ignição sob condições especificadas em ensaio (ABNT NBR IEC 60050-426).

1.7 TEMPERATURA MÁXIMA DE SUPERFÍCIE

Maior temperatura desenvolvida na superfície ou em qualquer outra parte do equipamento elétrico sob condições adversas e de acordo com a tolerância especificada. No caso de equipamento para atmosfera explosiva de gás, essa temperatura poderá ocorrer em sua superfície ou em um componente interno do equipamento, dependendo do tipo de proteção do invólucro. Por outro lado, quando o equipamento for ensaiado para atmosfera explosiva de poeira, a temperatura é considerada na parte externa do invólucro, denominada temperatura máxima de superfície. Essa situação pode ser explicada porque uma atmosferas explosiva formada por gás, normalmente o gás ingressa no interior do equipamento(exceto Ex nR), podendo ocorrer a ignição através do calor produzido pelos componentes internos ou de uma eventual faísca, enquanto a poeira não pode entrar no interior do equipamento, por causa do grau de proteção especificado por norma. Entretanto a poeira normalmente vai se acumulando sobre o equipamento e formando camadas que podem entrar em combustão através do calor produzido pelo equipamento.

1.8 EQUIPAMENTOS ELÉTRICOS PARA ATMOSFERAS EXPLOSIVAS

São equipamentos projetados e fabricados de acordo com normas específicas, de tal modo que não provoquem a ignição de uma atmosfera explosiva. Os equipamentos elétricos para uso em atmosferas explosivas são denominados também de equipamentos Ex, ele são submetidos a diversos tipos de ensaios, conforme cada "tipo de proteção Ex", para assegurar seu uso em locais com presença de atmosferas explosivas.

1.9 INVÓLUCRO

A terminologia invólucro de um equipamento refere-se a um conjunto de paredes que envolvem as partes energizadas dos equipamentos elétricos, incluindo as tampas, portas, dobradiças, hastes, eixos e prensa-cabos.

1.10 PRENSA-CABO

Dispositivo que permite a introdução de um ou mais cabos elétricos e/ou de fibra ótica no interior de um equipamento elétrico, de forma a manter o tipo de proteção aplicável.

1.11 ENTRADA DE ELETRODUTO

Meio de introduzir um eletroduto em um equipamento elétrico, de tal forma a manter o seu tipo de proteção Ex.

1.12 LED (LIGHT EMITTING DIODE) - DIODO EMISSOR DE LUZ

Dispositivo de estado sólido que incorpora uma junção p-n emitindo uma radiação óptica quando excitado por uma corrente elétrica.

2
POEIRA COMBUSTÍVEL

As atividades nas quais sejam manuseados, processados, transportados ou armazenados produtos que geram poeiras combustíveis oferecem riscos de explosões e incêndios, por causa da formação da atmosfera explosiva, composta por poeiras em forma de nuvens misturadas com o oxigênio do ar ou quando ficam depositadas em camadas dentro do edifício ou sobre os equipamentos. As indústrias que utilizam materiais que geram poeiras combustíveis em seus processos, estão por toda parte, envolvendo muitas atividades ao redor do mundo, sendo assim, você deve saber qual tipo de poeira está sendo utilizada na sua planta?

Poeira combustível pode ser encontrada nas mais diversas atividades, elas são formadas pelo rompimento de partículas orgânicas e inorgânicas durante o transporte, movimentação, armazenagem, peneiramento, trituração e moagem, nas áreas envolvendo o processamento de soja, milho, trigo, arroz, amido, açúcar, algodão, celulose, borracha, alumínio, produtos farmacêuticos e outros.

Postulados da ABNT NBR ISO/IEC 80079-20-2 (2018,p.1) define poeira combustível como sendo formada por partículas sólidas finamente divididas com diâmetro nominal igual ou menor do que 500 micrômetros, as quais podem formar misturas explosivas com o ar, nas condições normais de pressão.

Na visão da NFPA 652:2019, áreas classificadas com presença de poeira, o combustível deve ser gerenciado, enquanto as fontes de ignição precisam ser controladas e no caso de uma explosão o impacto deve ser limitado através da construção, proteção, isolamento e limpeza da poeira acumulada. Da mesma forma, poeira depositada sobre equipamentos que produzem calor, devem ser controladas ou evitadas pois oferece risco adicional de incêndio.

Por outro lado, a norma ABNT NBR IEC 16385 relata que as particulas sólidas combustíveis podem ser entendidas como pós, poeiras, fibras, agregados finos, chapinhas, pedaços, fragmentos, flocos ou mistura desses.

Para ABNT NBR IEC 60079-10-2:2016, poeiras combustíveis sao formadas por particulas sólidas com tamanho nominal igual ou menor do que 500 μm. Elas podem formar misturas explosivas, oferecendo riscos de explosões nas áreas em que são encontradas. Sabe-se também, quanto mais fina for as partículas da poeira, mais perigo ela oferece.

Poeira agricola, para NFPA 61(2008, P.5) pode ser definida como sólido finamente dividido com tamanho nominal de 420 μm de diâmetro ou menor.

No quadro 1 você pode contemplar a temperatura de ignição, bem como o grupo a que pertence algumas poeiras catalogadas pela norma NFPA 499:2017.

Quadro 1 – Temperatura de ignição da nuvem ou camada de poeira

Poeira	*Temp. Ignição °C	Grupo	Poeira	*Temp. Ignição °C	Grupo
Acetato de celulose	340	IIIB	Farinha de trigo	360	IIIB
Acetato de polivinila	550	IIIB	Fenol clorado	570	IIIB
Acetilaminpo-t-Nitrotiazol	450	IIIB	Fenol formaldeído	580	IIIB
Acetoacetanilida	440	IIIB	Fenol furfural	310	IIIB
Ácido adípico	550	IIIB	Glúten de trigo – goma	520	IIIB

Ácido azelaico	610	IIIB	Goma arábica	260	IIIB
Poeira	***Temp. Ignição °C**	**Grupo**	**Poeira**	***Temp. Ignição °C**	**Grupo**
Ácido benzóico	620	IIIB	Goma laca	400	IIIB
Ácido dinitrobenzóico	460	IIIB	Grão de sabugo de milho	240	IIIB
Açúcar em pó	370	IIIB	Isoftalato de dimetila	580	IIIB
Amido de milho comercial	330	IIIB	Látex de polietileno	500	IIIB
Amido de trigo	380	IIIB	Leite desnatado	200	IIIB
Arroz	220	IIIB	Metil celulose	340	IIIB
Asfalto	510	IIIB	Milho	250	IIIB
Benzotriazol	440	IIIB	Nitropiridona	430	IIIB
Bisfenol A	570	IIIB	Nitrosamina	270	IIIB
Borracha bruta dura	350	IIIB	Palha de trigo	220	IIIB
Breu – alcatrão de carvão	710	IIIB	Pentaeritritol	400	IIIB
Cacau natural – 19% gordura	240	IIIB	Policarbonato	710	IIIB
Canela	230	IIIB	Policroreto de vinila dioctil ftalato	320	IIIB
Caroço de cereja	220	IIIB	Polímero de ácido metacrílico	290	IIIB
Caroço de damasco	230	IIIB	Polímero de acrilamida	240	IIIB
Carvão ativado	180	IIIB	Polímero de Acrilonitrila	460	IIIB
Casca de amêndoa	200	IIIB	Polímero de metacrilato de metila	440	IIIB
Casca de amendoim	210	IIIB	Polímero de nylon	430	IIIB
Casca de arroz	220	IIIB	Polivinil butiral	390	IIIB

Casca de caroço de pêssego	210	IIIB	Proteína de soja	260	IIIB
Poeira	***Temp. Ignição °C**	**Grupo**	**Poeira**	***Temp. Ignição °C**	**Grupo**
Casca de cítrico	270	IIIB	Resina de petróleo	500	IIIB
Casca de coco	220	IIIB	Sacarose	350	IIIB
Casca de grão de cacau	370	IIIB	Triacetato de celulose	430	IIIB
Casca de noz pecan	210	IIIB	Trigo	220	IIIB
Celulose	260	IIIB	Vitamina B1 – mononitrato	360	IIIB
Cera de polietileno	400	IIIB	Vitamina C	280	IIIB
Cloreto de benzetônio	380	IIIB	Alumínio coletor atomizado	550	IIIC
Cloroaceto-acetanilida	640	IIIB	Alumínio, A422 Zake	320	IIIC
Cortiça	210	IIIB	Alumínio (liga de lítio (15% LI)	400	IIIC
Difenil	630	IIIB	Ferro-manganês carbono médio	290	IIIC
Enxofre	220	IIIB	Manganês	240	IIIC
Epóxi	540	IIIB	Siliceto de cálcio	540	IIIC
Etil celulose	320	IIIB	Titânio 99% TI	330	IIIC
Farelo de arroz	490	IIIB	Alumínio – liga de níquel (58-42)	540	IIIC
Farinha de alfafa	200	IIIB	Alumínio – liga de silício (12% SI)	670	IIIC
Farinha de caroço de algodão	200	IIIB	Ferro 99% carbonil	310	IIIC

Farinha de ervilha	260	IIIB	Alumínio liga de magnésio (dowmetal)	430	IIIC
Poeira	***Temp. Ignição °C**	**Grupo**	**Poeira**	***Temp. Ignição °C**	**Grupo**
Farinha de madeira	260	IIIB	Alumínio (liga cobalto 60 - 40)	570	IIIC
Farinha de soja	190	IIIB	Alumínio (liga de cobre 50 -50)	850	IIIC

Fonte: Elaborado pelo autor, a partir da norma NFPA 499 (2017, p.11-14).
*O valor da temperatura de ignição apresentado, significa o valor da menor entre as duas temperaturas encontradas(camada ou nuvem). Essa temperatura, significa a temperatura na qual a poeira entra em combustão quando em contato com superfícies quentes.

2.1 EXPLOSÕES COM POEIRAS

As explosões podem ocorrer em diversas atividades, incluindo o transporte, movimentação, manuseio, processo e armazenagem de grãos, como, soja, milho, arroz, algodão, açúcar, entre outros. As explosões também podem ocorrer nas áreas de processamento de alimentos para animais, na indústria farmacêutica, alimentícia, tecelagem e outras atividades que geram esse tipo de poeira. Os profissionais que trabalham nesses locais, bem como os responsáveis, devem tomar providencias de segurança adequada para evitar acidentes que podem machucar pessoas, destruir o patrimônio, além de causar danos ao meio ambiente.

De acordo com postulados das normas NFPA 499 e NFPA 652, as atividades que estejam envolvidas com poeiras combustíveis devem ser gerenciadas para evitar o acúmulo de poeiras dentro dos edifícios, nos pisos, paredes, dutos, tubulações, lajes, vigas, exaustores, equipamentos elétricos, e demais localidades, sendo assim, a manutenção e limpeza devem fazer parte das boas práticas de engenharia, já que se trata da segurança de pessoas.

Conhecer as características das poeiras é requisito importante quando se trata de segurança, informações como temperatura mínima de ignição, concentração mínima de explosividade (CME), granulometria e grupo a que pertencem, são apenas algumas das características que devem ser conhecidas e avaliadas. O quadro 9 apresenta algumas dessas características. Diferentemente dos gases e vapores inflamáveis, sugere-se que a poeira combustível deverá ser ensaiada para conhecer suas características ou trabalhar com as informações encontradas na FISPQ (ficha de informação de segurança de produtos químicos), quando for o caso.

As explosões com poeiras normalmente são muito violentas e destroem tudo pela frente, uma vez iniciada dificilmente você consegue controlar, dessa forma a recomendação é o controle das fontes de ignição incluindo um programa de limpeza, o processo de limpeza controlado e periódico deve ser imperativo para almejar a segurança, uma vez que poeira acumulada sobres os equipamentos e outros locais do edifício, oferecem risco de explosão.

2.2 EXPLOSÃO PRIMÁRIA E SECUNDÁRIA

A explosão primária ocorre quando a poeira está em forma de camadas sobre os equipamemntos, em locais como salas, dutos, silos, ciclone, filtros, calhas, moinhos, trituradores, elevador de caneca, sistema de contenção de poeira, esteiras transportadoras e outros equipamentos que produzem calor.

A explosão primária peturba a poeira que se encontra na forma de camada, levantando mais poeira para atmosfera, podendo desencadear as explosões secundárias, bem mais violentas e destrutivas do que as anteriores.

A poeira depositada sobre os equipamentos que produzem calor, normalmente tem sua temperatura de ignição menor do que a mesma poeira que se encontra em forma de nuvem, isso acontece porque a poeira sobre os equipamentos vai desidratando por causa do calor, causando superaquecimento desses, pois elas funcionam como isolante térmico impedindo a dissipaçao de calor, dessa forma o equipamento superaquecido pode provocar a igniçao da camada de poeira, contribuindo com a igniçao da núvem, provocando as explosões secundárias.

a norma recomenda cautela, pois a afirmação sobre as duas temperaturas não deve ser considerada uma verdade universal, devido à complexidade que representa o assunto.

2.3 SEGURANÇA EM ÁREAS CLASSIFICADAS COM PRESENÇA DE POEIRAS

A segurança dos trabalhadores nas atividades envolvendo poeira combustível é requisito mandatório regulado por leis ao redor do mundo, sendo assim a avaliação desses locais, bem como a classificação da área deve ser executada por profissionais experientes e que conheçam as normas, bem como tenham conhecimento sobre o comportamento e os riscos aos quais esses locais estão submetidos. Os profissionais responsáveis pela classificação da área e as pessoas que transitam nessas áreas devem ter conhecimento sobre os riscos que as poeiras oferecem, Vale lembrar que o equipamento elétrico pode representar apenas uma pequena parte das fontes de ignição na planta, sendo assim devem ser avaliadas todas as possíveis fontes de ignição que poderá estar presente e isolar ou excluir as mesmas das áreas classificadas.

De acordo com postulados da NFPA 499, alguns

tipos de poeiras derretem antes mesmo de serem inflamadas através de uma fonte de ignição, como é o caso da poeira de ácido benzóico e acetoacetanilida pertencente ao grupo IIIB.

Para a norma regulamentadora brasileira NR10, os trabalhadores envolvidos nas áreas classificadas, devem ter conhecimento dos riscos aos quais estão envolvidos, através de treinamentos específicos e periódicos. Por outro lado, a portaria do Inmetro número 115 de 21/03/2022, regulamenta as bases sobre a segurança nas áreas com presença de atmosferas explosivas, com relação aos equipamentos elétricos e eletrônicos que serão utilizados e instalados.

Da mesma forma os profissionais responsáveis devem conhecer os riscos decorrentes de atmosferas explosivas e estabelecer um plano de segurança efetiva para evitar acidentes.

Poeiras devem ser ensaiadas para obtenção das informações necessárias à realização do projeto e os dados sobre o perigo que elas oferecem, essas características incluem, principalmente:

- Granulometria ou diâmetro da partícula (μm);
- Energia mínima de ignição (mJ);
- Concentraçao minima de explosividade (g/m^3);
- Temperatura mínima de ignição da nuvem e da camada (°C);
- Classe do índice de deflagração(Kst);
- Pressão máxima(bar-g);
- Classe de perigo ST;
- Grupos IIIA; IIIB; IIIC;
- Outras informações.

As informações apresentadas no quadro 2 foram

obtidas através da norma ABNT NBR 16385, mas devido à complexidade do assunto, sugere-se que você trabalhe com os dados obtidos da análise das poeiras de sua planta ou da FISPQ delas. Os dados da mesma poeira pode ser diferentes em locais diferentes, algumas características como por exemplo a umidade pode oferecer dados diferentes em locais diferentes, sendo assim, é recomendável que as informações do pó sejam obtidas através dos ensaios. Para ABNT NBR IEC 60079-10-2, você pode até usar dados encontrados em algumas literaturas, mas deve validar esses dados.

Quadro 2 – Características de poeiras combustiveis

Poeira	Tipo de poeira	Granulometria (µm)	CME (g/m³)	Pmax (bar)	Kst (bar-m/s)	Classe ST
Açúcar	Produtos agrícolas	30	200	8,5	138	1
Açúcar cristal		<63	30	7,3	69	1
Amido de milho		7	-	10,3	202	2
Amido de arroz		18	60	9,2	101	1
Amido de trigo		22	30	9,9	115	1
Celulose		33	60	9,7	229	2
Celulose, polpa		42	30	9,9	62	1
Cortiça		42	30	9,6	202	2
Lactose		27	60	8,3	82	1
Leite em pó		83	60	5,8	28	1
Leite desnatado seco		60	-	8,8	125	1
Farinha de madeira		29	-	10,5	205	2
Farinha de soja		20	200	9,2	110	1
Milho		28	60	9,4	75	1
Clara de ovo		17	125	8,3	38	1

Poeira	Tipo de poeira	Granulometria (µm)	CME (g/m³)	Pmax (bar)	Kst (bar-m/s)	Classe ST
Sacarose	Produtos agrícolas	29	60	8,2	59	1
Soro de leite		41	125	9,4	62	1
Tapioca		22	125	9,4	62	1
Acetato de cálcio	Produtos químicos	92	500	5,2	9	1
Ácido adípico		<10	60	8,0	97	1
Ácido ascórbico		39	60	9,0	111	1
Antraqui-nona		<10	-	10,6	364	3
Ascorbato de sódio		23	60	8,4	119	1
Carboxil-metil celulose		24	125	9,2	136	1
Dextrina		41	60	8,8	106	1
Enxofre		20	30	6,8	151	1
Estearato de cálcio		12	30	9,1	132	1
Estearato de chumbo		12	30	9,2	152	1
Estearato de sódio		22	30	8,8	123	1
Metil celulose		75	60	9,5	134	1
Parafor-maldeido		23	60	9,9	178	1
Poli acrilamida	Produtos plásticos	10	250	5,9	12	1
Poli acrilato de metila		21	30	9,4	269	2
Poli acrilato de metila-polímero em emulsão		18	30	10,1	202	2

Poeira	Tipo de poeira	Granulometria (µm)	CME (g/m³)	Pmax (bar)	Kst (bar-m/s)	Classe ST
Poli Acrilonitrila	Produtos plásticos	25	-	8,5	121	1
Melanina moldada (celulose fenólica)		12	60	10,0	127	1
Polietileno (processo de baixa pressão)		<10	15	30	156	1
Polipro-pileno		25	30	8,4	101	1
Resina epóxi		26	30	7,9	129	1
Resina fenólica		<10	15	9,3	129	1
Resina fenol terpeno		10	15	8,7	143	1
Uréia formal-deído (celulose moldada)		13	60	10,2	136	1
Álcool poli vinil		26	60	8,9	128	1
Butiral poli vinil		65	30	8,9	147	1
Cloreto poli vinil		107	200	7,6	46	1
Carvão ativado	Carbonáceos	28	60	7,7	14	1
Carvão betuminoso		24	60	9,2	129	1
Carvão vegetal		14	60	9,0	10	1
Coque – petróleo		15	125	7,6	47	1
Fuligem vegetal		<10	-	7,9	26	1
Lignita		32	60	10	151	1
Negro de fumo		<10	60	8,4	121	1
Turfa 22% de água		-	125	84,0	67	1

<table>
<tr><th>Poeira</th><th>Tipo de poeira</th><th>Granulometria (µm)</th><th>CME (g/m^3)</th><th>Pmax (bar)</th><th>Kst (bar-m/s)</th><th>Classe ST</th></tr>
<tr><td>Alumínio</td><td rowspan="6">Metais</td><td>29</td><td>30</td><td>12,4</td><td>415</td><td>3</td></tr>
<tr><td>Bronze</td><td>18</td><td>750</td><td>4,1</td><td>31</td><td>1</td></tr>
<tr><td>Ferro carbonila</td><td><10</td><td>125</td><td>6,1</td><td>111</td><td>1</td></tr>
<tr><td>Magnésio</td><td>28</td><td>30</td><td>17,5</td><td>508</td><td>3</td></tr>
<tr><td>Zinco</td><td>10</td><td>250</td><td>6,7</td><td>125</td><td>1</td></tr>
<tr><td>Zinco</td><td><10</td><td>125</td><td>7,3</td><td>176</td><td>1</td></tr>
<tr><th colspan="7">Classificação do perigo de deflagração</th></tr>
<tr><td colspan="2">Classe de perigo ST</td><td colspan="3">KST(bar-m/s)</td><td colspan="2">Pmax(bar)</td></tr>
<tr><td colspan="2">1</td><td colspan="3">≤200</td><td colspan="2">10</td></tr>
<tr><td colspan="2">2</td><td colspan="3">201-300</td><td colspan="2">10</td></tr>
<tr><td colspan="2">3</td><td colspan="3">>301</td><td colspan="2">12</td></tr>
</table>

Fonte: elaborado pelo autor, a partir da norma ABNT NBR 16385 (2015, p.122-125).

- Granulometria: tamanho da partícula em μm;
- CME: concentração mínima de explosão;
- Kst: taxa de aumento de pressão;
- Pmax: pressão máxima, expressa em bar;
- T: classe de perigo da poeira.

O quadro 3 e 4 apresenta os resultados obtidos através dos ensaios de poeiras realizados pela norma NFPA 652:2019. Você pode usar estes dados para efeito didático, mas é recomendável que seja feito os ensaios das poeiras envolvidas na sua planta, para a execução do projeto.

Quadro 3 – Características de poeiras com produtos agrícola

Poeira	Percentual de umidade	Tamanho médio da partícula (µm)	Pmax (bar g)	Kst (bar -m/seg.)	Concentração mínima de explosão (CME) g/m³	Energia mínima de ignição (mJ)
Açúcar em pó	13	45	7,0	122	-	30
Açúcar refinado	1,3	45	7,6	117	135	38
Alfafa	2,1	36	6,7	94	-	-
Algodão	-	44	7,2	24	100	-
Amido de milho (partículas finas)	-	11	9,5	141	60	-
Amido de milho (partículas grossas)	2,2	217	7,9	186	-	30-60
Batata	-	82	6,0	20	250	-
Beterraba	-	108	6,1	30	125	-
Café verde	5,0	45	7,8	116	-	-
Cenoura	4,0	29	6,9	65	--	-
Chá	6,3	77	7,6	102	125	-
Fécula de batata	-	32	9,4	89	-	>3.200
Fubá	8,2	403	6,2	47	-	-
Leite em pó	3,1	41	7,5	145	-	-
Maçã	-	155	6,7	34	125	-
Malte	10,5	72	7,5	170	-	-
Milho	9,0	165	8,7	117	30	>10
Pêssego	-	140	8,4	81	60	-
Pó de arroz	2,5	-	7,7	118	-	40-120

Poeira	Percentual de umidade	Tamanho médio da partícula (µm)	Pmax (bar g)	Kst (bar -m/ seg.)	Concentração mínima de explosão (CME) g/m³	Energia mínima de ignição (mJ)
Pó de aveia	-	295	6,0	14	750	-
Pó de cacau	2,3	45	7,1	133	-	-
Pó de café (partículas finas	4,0	40	7,7	158	-	-
Pó de café (partículas gasosas)	4,8	321	6,9	55	-	160
Pó de casca de coco	6,5	-	6,8	111	-	-
Pó de casca de limão	9,5	38	6,8	125	-	-
Pó de cereais (misturados)	4,4	121	6,7	74	265	-
Pó de grão de trigo	-	80	9,3	112	60	-
Pó de noz	6,0	-	8,4	174	-	-
Polpa de limão	2,8	180	6,7	74	-	-
Semolina	13,6	57	7,0	109	-	-
Tomate	-	200	1,0	-	100	-

Fonte: elaborado pelo autor, a partir da NFPA 652 (2019, p.38-39).

- Granulometria: tamanho da partícula em µm;
- CME: concentração mínima de explosão;
- Kst: taxa de aumento de pressão;
- Pmax: pressão máxima, expressa em bar;
- EMI: energia mínima de ignição(mJ).

Quadro 4 – Características de poeira química, metais e plástico

Poeira	Tipo de poeira	Diâmetro Médio da Massa (μm)	Concentração mínima de explosão (g/m³)	Pmax (bar)	Kst (bar-m/s)	Classe de Perigo do pó ST
Acetato de cálcio	Química	92	500	5,2	9,0	1
Ácido adípico		<10	60	8,0	97	1
Ácido ascórbico		39	60	9,0	111	1
Antraquinona		<10	-	10,6	364	3
Ascorbato de sódio		23	60	8,4	119	1
Carboximetil celulose		24	125	9,2	136	1
Dextrina		41	60	8,8	106	1
Enxofre		20	30	6,8	151	1
Estearato de cálcio		12	30	9,1	132	1
Estearato de chumbo		12	30	9,2	152	1
Estearato de sódio		22	30	8,8	123	1
Lactose		23	60	7,7	81	1
Metil celulose		75	60	9,5	134	1
Paraformaldeído		23	60	9,9	178	1
Alumínio	Metais	29	30	12,4	415	3
Bronze		18	750	4,1	31	1
Carbonil de ferro		<10	125	6,1	111	1

Poeira	Tipo de poeira	Diâmetro Médio da Massa (μm)	Concentração mínima de explosão (g/m³)	Pmax (bar)	Kst (bar-m/s)	Classe de Perigo do pó ST
Magnésio	Metais	28	30	17,5	508	3
Zinco		10	250	6,7	125	1
Poli acrila-mida	Plásticos	10	250	5,9	12	1
Poli – propileno		25	30	8,4	101	1
Resina de melamina		18	125	10,2	110	1
Resina epóxi		26	30	7,9	129	1
Resina fenólica		<10	15	9,3	120	1
Resina terpeno-fenol		10	15	8,7	143	1

Fonte: Elaborada pelo autor, a partir da NFPA 652 (2019, P.41- 42)

- Granulometria: tamanho da partícula em μm;
- CME: concentração mínima de explosão;
- Kst: taxa de aumento de pressão;
- Pmax: pressão máxima, expressa em bar.

3
CONCEITO DE EXPLOSÃO

De acordo com ABNT NBR IEC 60050-426, a explosão acontece através de uma reação química acompanhada de elevação súbita da pressão e da temperatura, por causa da oxidação ou outra reação exotérmica. Dessa forma, explosão pode ser entendida como sendo um processo no qual, acontece uma reação química repentina de materiais combustíveis, na presença do oxigênio e da fonte de ignição, ela é acompanhada pela liberação de energia e aumento de volume, combinada com alta temperatura, produção de gases e forte estrondo.

A explosão acontece quando existir simultaneamente a presença do combustível, do oxigênio e da fonte de igniçao, conforme representados na figura 5. O combustível pode ser formado por gases, vapores e/ou poeiras.

Figura 5 – Triângulo da explosão

Fonte: Elaborada pelo autor

Para entender a explosão com poeiras, dois elementos serão acrescentdados ao triângulo da explosão, sendo eles o confinamento e a dispersão, dessa forma, para ocorrer uma explosão, é necessário que esses cinco fatores estejam simultaneamente presentes, conforme representados na figura 6.

- Combustível: é necessária a presença da poeira em quantidade suficiente para formar atmosfera explosiva;
- Dispersão: a poeira deve estar dispersa na atmosfera em forma de nuvem;
- Confinamento: a poeira deve estar confinada dentro dos edifícios, em silos, ciclone, calhas, galerias de navios, elevador de caneca, esteiras transportadoras e outros equipamentos de processos;
- Oxigênio: é necessária a presença do oxigênio na atmosfera (aproximadamente 21%);
- Fonte de ignição: por fim, a explosão tem início pela ação da fonte de ignição, que pode ter origem no centelhamento com a abertura e fechamento dos contatos elétricos ou através do calor produzido pelos equipamentos. Outras fontes de ignição, tais como energia estática, de origem mecânica como rolamentos superaquecidos, fricção e descarga atmosférica podem estar presente, aguardando condições favoráveis para incendiar uma atmosfera explosiva.

Figura 6 – Pentágono da Explosão

Fonte: Elaborada pelo autor com base na NFPA 652 (2019, p.37)

4
FONTE DE IGNIÇÃO

Explosões com poeiras são provocadas através de fontes de ignição que podem estar presente na planta, fonte de ignição é um dos três elementos do triângulo da explosão que pode incendiar uma atmosfera explosiva, seja ela formada por gás, vapor, névoa ou poeira combustível. Uma fonte de ignição pode ter origem não somente nos equipamentos elétricos, mas também em vários lugares diferentes. Assim, ela pode surgir a partir do centelhamento e do calor gerado pelos equipamentos, nas descargas atmosféricas, a partir da energia estática, podendo ocorrer em diversos locais, centelhamento provocado por atrito, entre outras condições e locais. Por outro lado, é necessária muito pouca energia para causar a ignição de uma atmosfera explosiva, com apenas 30 mJ, uma atmosfera explosiva formda por açucar pode arder em chamas.

Nesse sentido, os profissionais responsáveis devem conhecer todo tipo de fonte de ignição possível e tomar medidas de segurança para evitar acidentes. No quadro 5 são apresentados alguns dos locais em que podem ser encontradas fontes de ignição.

Quadro 5 – Origem de fontes de ignição

Fonte de ignição	Descrição
Chamas e gases quentes (incluindo partículas quentes)	As chamas e seus produtos quentes de reação ou gases altamente quentes podem incendiar uma atmosfera explosiva. Os gases quentes são produzidos como produtos de reação e no caso de poeira ou chama fuliginosa também produzem partículas solidas ardentes. Os pingos de solda também oferecem risco potencial de explosão em atmosferas explosivas.
Correntes elétricas de fuga, proteção contra corrosão catódica	As correntes de fuga podem fluir em sistema de condutores elétricos ou em partes de sistema como: Corrente de retorno em sistema de geradores de energia; Resultado de um curto-circuito ou de um curto-circuito à terra devido a falhas nas instalações elétricas, entre outras situações.
Descarga atmosférica	Todo cuidado deve ser tomado para evitar que descargas atmosféricas possam incendiar uma atmosfera explosiva. Se um raio entrar numa área com atmosfera explosiva a ignição da atmosfera vai sempre ocorrer. Por outro lado, os trovões podem causar elevadas tensões induzidas em equipamentos, sistemas de proteção e componentes.
*Eletricidade estática	Eletricidade estática pode ocorrer em muitos locais e situações diferentes, os responsáveis nessas áreas devem conhecer toda e qualquer possibilidade de formação de eletricidade estática para evitar o risco de explosão em atmosfera explosiva.

Fonte de ignição	Descrição
Equipamentos elétricos	Os equipamentos elétricos comuns são fonte de ignição potencial em atmosferas explosivas, seja pelo centelhamento elétrico ou pela superfície quente. Nesse sentido em áreas classificadas somente devem ser utilizado ou instalado equipamentos elétricos adequados à classificação da área.
Faísca de origem mecânica	Qualquer tipo de faísca mecânica deve ser evitado em atmosferas explosivas, faíscas mecânicas podem ter origem em muitos locais e situações diferentes. Processos que envolvem impactos ou abrasão podem gerar partículas quentes e se essas partículas tiverem origem de substâncias oxidáveis como ferro e aço elas podem sofrer um processo de oxidação atingindo temperaturas muito altas que podem incendiar uma atmosfera explosiva.
Ondas eletromagnéticas de 3×10^{11} - 3 x 1015 HZ	A luz solar pode disparar uma ignição se os objetos causarem convergência da radiação (por exemplo, garrafas atuando como lentes, refletores de concentração como fornos solares). Sob certas circunstâncias, a radiação de fonte de luz intensa é tão intensamente absorvida por partículas de poeira que estas partículas se tornam fontes de ignição para atmosferas explosivas ou para depósitos de poeira.
Ondas eletromagnéticas de frequência de radio 104 - 3×10^{12} HZ	Ondas eletromagnéticas são emitidas por todos os sistemas que geram e utilizam energia de frequência de rádio tais como transmissores de rádio, geradores industriais, entre outros.
Radiação por ionização	A radiação por ionização gerada, por exemplo, através de raios X e substâncias radioativa podem incendiar atmosferas explosivas.

Fonte de ignição	Descrição
Reação exotérmica, incluindo autoignição de poeiras	Reações exotérmicas podem atuar como fonte de ignição quando a taxa de geração de calor é maior do que a taxa de perda de calor para as imediações. As altas temperaturas geradas nessas reações podem incendiar atmosferas explosivas. Outros tipos de reações devem ser avaliados para evitar ignição da atmosfera explosiva.
Superfície quente	Uma mistura explosiva de gás ou de poeira combustível em contato com qualquer superfície quente oferece risco potencial de explosão, principalmente se essa superfície apresentar temperatura acima da temperatura de autoignição da atmosfera explosiva. Superfícies quentes podem ser encontradas em equipamentos elétricos, eletrônicos, radiadores, cabines de secagem, processos mecânicos e de maquinaria entre outros.
Ultrassons	Na utilização de ondas e sons ultrassônicos, uma grande proporção de energia emitida pelo transdutor eletroacústico é absorvida por substâncias líquidas ou sólidas. Como resultado, a substância exposta a ultrassom aquece para que em casos extremos, a ignição possa ser utilizada.
Compressão adiabática e onda de choque	As ondas de choque são geradas, por exemplo, durante a súbita descarga de gases de alta pressão nos tubos. Nesse processo, as ondas de choque são propagadas a região de pressão inferior mais rapidamente do que a velocidade do som. Quando são difratadas ou refletidas por curvas do tubo, restrições, flange de ligação, válvulas fechadas, podem ocorrer temperaturas muito altas.

Fonte: Adaptado de ABNT NBR IEC 60050-426(2022, p.80) e Cardoso (2013, p. 30-36).

• Além dessas fontes de ignição podem ser citadas: fricção, autocombustão, chama aberta e outras, lembrando que o uso de telefone celular e relógio a bateria, podem causar ignição da atmosfera explosiva. *Eletricidade estática pode ser considerada uma fonte de ignição muito perigosa nas áreas com presença de atmosferas explosivas. Essa fonte de ignição tem sido motivo de graves acidentes, sendo assim os profissionais envolvidos devem tomar medidas de segurança adicionais para evitar explosões e incêndios causados por estática, lembrando que o sistema de aterramento deve ser cuidadosamente projetado e executado de acordo com as normas.

4.1 RADIAÇÃO ÓPTICA

De acordo com postulados da norma ABNT NBR IEC 60079-28, equipamentos ópticos na forma de lâmpada, laser, Led, fibra óptica etc., são cada vez mais utilizados em sistemas de comunicação, inspeção, sensoriamento e medições. No processamento de materiais, são utilizadas radiações ópticas com elevada irradiância. Quando essas instalações são realizadas no interior ou próxima às atmosferas explosivas, a radiação desses equipamentos pode passar através dessas atmosferas. Dependendo das características da radiação, essa pode ser capaz de causar a ignição de uma atmosfera explosiva presente no ambiente. A presença ou ausência de um elemento absorvente adicional da radiação, como partículas, influencia significativamente na ignição.

4.2 RADIAÇÃO ÓPTICA INERENTEMENTE SEGURA "OP IS"

Radiação óptica inerentemente segura, significa radiação visível ou infravermelha que seja incapaz de fornecer energia suficiente sob condições normais ou de falha especificada para causar a ignição de uma atmosfera explosiva específica. O conceito se baseia na limitação da intensidade do feixe óptico para se alcançar a segurança.

A ignição por um elemento absorvente opticamente irradiado requer a menor quantidade de energia, potência ou irradiância dos mecanismos de ignição identificados, no espectro de luz visível e infravermelho. O conceito inerentemente seguro é aplicável a radiações não confinadas e não requer a manutenção de um ambiente livre de elementos absorventes ópticos.

5
FUNDAMENTOS DO FOGO

O fogo é resultado de uma reação química exotérmica com presença de chama, luz e alta temperatura, essa reação é denominada de combustão e ocorre na presença de energia, chamada fonte de ignição; para que o fogo tenha início é necessária a presença simultânea do combustível, do comburente e da fonte e ignição. Os quatro fatores do tetraedro do fogo apresentados na figura 7 serve para entender de maneira simplificada como o fogo é autossustentado.

- Fonte de ignição: é a energia de ativação e tem como finalidade provocar a combustão, na presença do combustível e do comburente;
- Combustível: é a matéria prima que serve para dar início a combustão e para manter a propagação e alimentação do fogo, ele pode ser gases, vapores e líquidos inflamáveis ou materiais sólidos, como por exemplo: papelão, madeira, borracha, plásticos, poeiras combustíveis, entre outros;
- Comburente: esse é o elemento de ativação do fogo, o mais comum é representado pelo oxigênio presente na atmosfera (21%). O fogo num ambiente rico em comburente formado pelo oxigênio, mantem suas chamas aumentadas e desprende ainda mais luz;
- Reação em cadeia: é que mantem o fogo autossustentável, o calor é resultado da combustão, ele alcança o combustível que combina com o comburente, gerando ainda mais fogo que novamente alcança o combustível formando um ciclo constante.

Figura 7 – Tetraedro do fogo

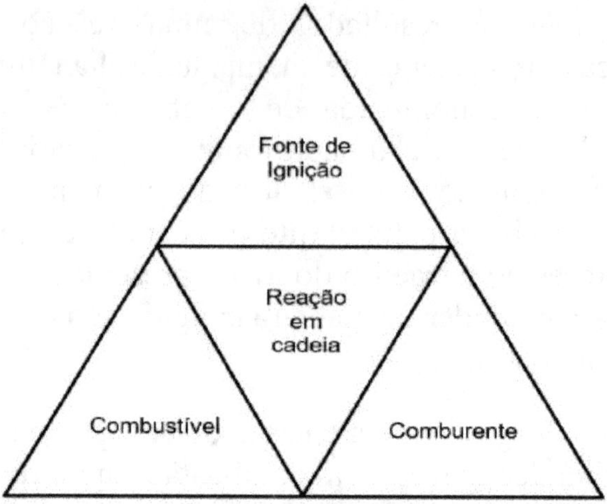

Fonte: Elaborada pelo autor.

6
PRINCÍPIOS DE CLASSIFICAÇÃO DE ÁREAS PERIGOSAS

O projeto de classificação de áreas com presença de poeiras combustíveis é muito semelhante a classificação de áreas com presença de gás e vapor. De acordo com postulados da norma ABNT NBR IEC 60079-10-2, o referido projeto deve ser executado por profissionais experientes, incluindo pessoas que tenha conhecimento nas áreas de elétrica, mecânica, segurança do trabalho, profissionais que conheçam o processos e os equipamentos, bem como possuir conhecimento sobre o comportamento das poeiras envolvidas.

O projeto serve como base para a seleção dos equipamentos elétricos, eletrônicos e não elétricos que serão utilizados ou instalados nesses locais, ele vai servir também de orientação para a instalação, montagem, inspeção, manutenção e reparo dos equipamentos e das instalações durante todo o ciclo de vida. Os dados do projeto também servirão para orientar todo o procedimento de segurança dos trabalhadores, assim como os treinamentos deles.

Vale ressaltar que havendo qualquer mudança no processo, provocando o aumento do volume ou acréscimo de novas poeiras, uma nova avaliação deve ser realizada e um novo projeto apresentado para avaliação e readequação da área.

As informações aqui mencionadas, apresenta um resumo sobre classificação de área, sendo assim você poderá seguir estas orientações, mas o projeto deverá ser realizado a partir das normas. Dependendo do local e da complexidade da área, você pode utilizar outras normas, como informações adicionais e complementares do seu projeto, que deve ter suas bases nas normas ABNT NBR IEC.

O projeto de classificação da área é um método de análise para classificação do ambiente, no qual uma atmosfera explosiva de poeira possa estar presente, fornecendo assim, informações para a seleção e instalação dos equipamentos para serem utilizados ou instalados com segurança.

6.1 CLASSIFICAÇÃO DE ÁREA COM PRESENÇA DE POEIRA COMBUSTÍVEL

Para a norma ABNT NBR IEC 60079-10-2:2016, a classificação de área é baseada em diversos fatores, tais como:

- Conhecer as características das poeiras envolvidas no processo, essas informações podem ser obtidas através de publicações, de especialistas no processo ou através de ensaios. É importante que as informações obtidas através de publicações, sejam validadas para aplicação no projeto, já que podem ser encontradas variações dos valores e informações em diferentes fontes de dados. Sendo assim, é mais confiável que seja realizado ensaios das poeiras existentes para obtenção dos dados necessários;

- É necessário saber se a poeira é combustível ou não, através de relatório de ensaio realizado por laboratório especializado;
- A natureza da liberação de poeira a partir de fontes de processo particulares, ou seja, conhecimentos especializados de engenharia de processo podem ser necessário;
- Procedimentos de operação e manutenção na planta,

como tarefas de limpeza constante;

- Outras informações sobre equipamentos e segurança devem ser consideradas e avaliadas.

O quadro 6 apresenta informações relevantes que pode ser considerada para a classificação das três zonas, para ABNT NBR 16385, a classificação de áreas com presença de poeira combustível deve levar em consideração a espessura das camadas de poeiras que podem ser formadas sobre a superfície dos equipamentos, dutos, tubulação e outras localidades da planta.

6.2 GRAU DA FONTE DE LIBERAÇÃO

De acordo com ABNT NBR IEC 60079-10-2, a fonte de liberação da poeira que formam uma atmosfera explosiva, são divididas em três graus, sendo essa liberação, de grau contínuo, primário e secundário, essa divisão vai contribuir para a determinação das zonas, conforme apresentadas no quadro 6. Entende-se como fonte de liberação, os locais a partir dos quais a poeira é liberada no ar para formação da atmosfera explosiva.

6.3 GRAU DE LIBERAÇÃO CONTÍNUO

A liberação da poeira ocorre de maneira contínua, podendo acontecer durante longos períodos ou frequentemente, exemplo de locais: no interior de silos de armazenamento que seja carregado e descarregado frequentemente ou no interior de um tanque de mistura.

6.4 GRAU DE LIBERAÇÃO PRIMÁRIO

A liberação da poeira pode ocorrer periodicamente ou eventualmente durante a operação normal, como por exemplo, próximo da saída de envasamento ou esvaziamento.

6.5 GRAU DE LIBERAÇÃO SECUNDÁRIO

A liberação da poeira não deve ocorrer durante a operação normal, entretanto se ocorrer, será durante curtos períodos.

Quadro 6 - Determinação das zonas de acordo com o grau de liberação

Zonas	Simbologia	Presença da poeira	Exemplos de locais
20	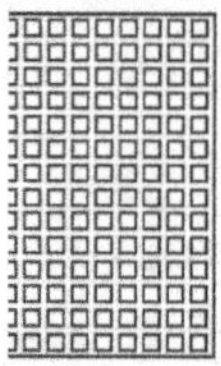	Grau contínuo	• Dentro do sistema de contenção de poeira; • Silos, funis, ciclone e filtros; • Misturadores, moinhos, secadores, ensacadores, entre outros; • Sistema de transporte de poeiras, exceto certas partes de transportadores de corrente e correias transportadoras etc.
21	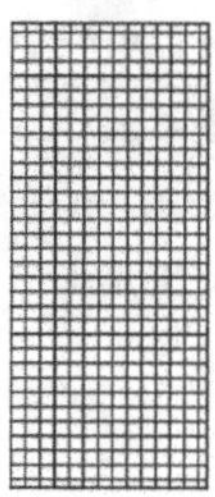	Grau primário	• Área externas próxima aos locais de contenção de poeiras; • Áreas próximas aos locais de enchimento ou esvaziamento; • No interior dos locais de contenção de poeiras (desde que não seja continuamente, frequentemente ou por longos períodos); • Estação de transbordo de caminhões; • Dentro de locais próximos as portas de acesso, sujeitas a abertura frequente contendo atmosfera com poeira.
22	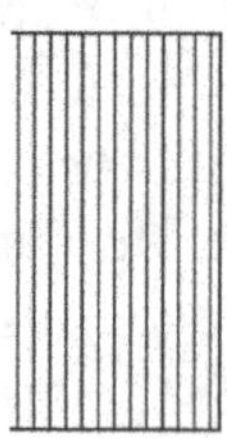	Grau secundário	• Estocagem de sacos com poeira combustível; • Saídas de respiros de filtros tipo bolsa; • Locais controlados, onde camadas de poeiras são formadas, sujeitas à perturbação, que podem levantar essas poeiras e formar atmosferas explosivas. Esses locais podem ser desclassificados, somente se as camadas de poeiras forem removidas através de limpeza frequentemente.

Fonte: Elaborado pelo autor, a partir da norma ABNT NBR IEC 60079-10-2:2016

De acordo com postulados da ABNT NBR 16385, a determinação das zonas também pode ser orientada de acordo com as informações apresentadas no quadro 7.

Quadro 7 – Classificação de área de acordo com a espessura da camada

Espessura da camada	Frequência	Processo de Limpeza	Classificação das zonas
Negligenciável	Não há	Não há	Não classificada
*Negligenciável até 0,794 mm	Não frequente	Fazer a Limpeza no mesmo turno de trabalho	Não classificada
Negligenciável até 0,794 mm	Contínua ou frequente	Fazer limpeza para manter a espessura da camada, abaixo de 0,397 mm	Não classificada. Porém os invólucros elétricos devem ser à prova de ingresso de poeira
1/32" até 1/8" (3,175 mm)	* * Não frequente	Fazer a Limpeza no mesmo turno de trabalho	Não classificada. Porém os invólucros elétricos devem ser à prova de ingresso de poeira
>1/8" (3,175 mm)	Contínuo ou frequente (a)	Fazer limpeza com frequência para eliminar o acúmulo	Classificar como zona 20
1/32" até 1/8" (3,175 mm)	Contínua ou frequente (a)	Fazer limpeza para manter a espessura da camada, abaixo de 1,588 mm	Classificar como zona 21
>3,175 mm	Não frequente	Encerrar operação e limpar imediatamente	Classificar como zona 22

Fonte: Elaborado pelo autor, a partir da norma ABNT NBR 16385 (2015, p.70).

- A cor da superfície do equipamento deve ser visível;
- **Vazamento da poeira: formação da camada com ocorrência superior a três vezes por ano, resultando em acúmulo no período de 24 horas;
- •(a) vazamento de pó: formação de camada com ocorrência superior a 3 vezes por ano, resultando em acúmulo no período de

24 horas.

O projeto de classificação de área, fornece três informações, sendo elas: as zonas, os grupos de poeiras e a temperatura de ignição da atmosfera, conforme apresentadas na figura 8. Adicionalmente a essas informações, o referido projeto deve apresentar também o nível de proteção do equipamento EPL (Equipment Protection Level), que pode ser contemplado no quadro 15 e 16, a equação da classificação de uma determinada área de zona 21, grupo de poeira IIIC e temperatura de ignição da atmosfera explosiva 90°C, será representada da seguinte forma: Z21 IIIC T90°C Db. São esses dados que servirão de orientação para a seleção dos equipamentos elétricos e não elétricos, instalação, montagem, inspeção, manutenção e reparo durante o ciclo de vida deles, bem como servirão de base para implantar os procedimentos de segurança na área. Os dois dígitos finais Db, identifica o nível de proteção do equipamento EPL, identificando uma atmosfera explosiva de poeira.

Figura 8 – Classificação da área

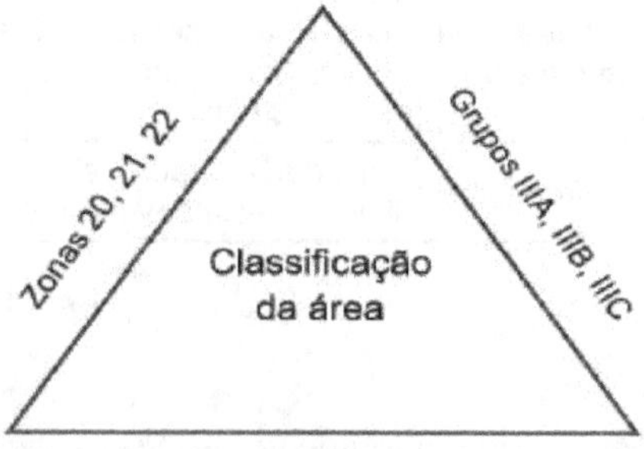

Fonte: Elaborada pelo autor.

6.6 CONCEITO DAS TRÊS ZONAS

As áreas classificadas são divididas em três zonas, sendo elas: zona 20, zona 21 e zona 22, a determinação das zonas é apresentada de acordo com a frequência e o tempo de duração de uma atmosfera explosiva de poeiras presentes no local.

Zona 20

De acordo com a norma, trata-se de uma área, em que uma atmosfera explosiva de poeira combustível em forma de nuvem está continuamente presente, frequentemente ou presente durante longos períodos. Área classificada como zona 20, é a mais perigosa de todas, sendo encontrada normalmente no interior dos equipamentos de processos, conforme apresentadas na figura 9

Zona 21

Área na qual uma atmosfera explosiva de poeira combustível em forma de nuvem poderá estar presente em condições normais de operação. Esses locais podem ser encontrados nas áreas de transporte, movimentação, processamento de poeiras ou nas proximidades da zona 20.

Zona 22

Áreas classificadas como zona 22, são locais onde a presença da atmosfera explosiva de poeira combustível é improvável de acontecer em condições normais de operação, entretanto se ocorrer, ela será presente durante curtos períodos.

Figura 9 – Nível de perigo das três zonas

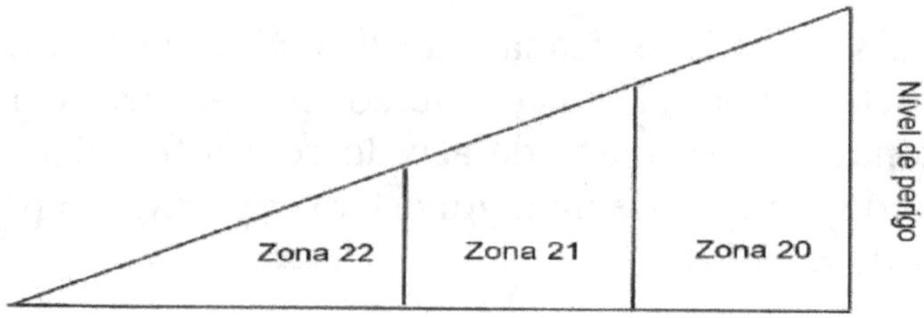

Fonte: Elaborada pelo autor.

6.7 CLASSIFICAÇÃO DAS ZONAS EM LOCAL COM TAMBOR BASCULANTE EM AMBIENTE SEM VENTILAÇÃO DE EXTRAÇÃO

Na figura 10, um tambor com poeira é esvaziado em um funil e transportada através de rosca transportadora para uma sala do lado. O tambor contendo poeira é instalado na plataforma e, a tampa removida. A válvula tipo diafragma é fixada no cilindro hidráulico, a qual está fechada.

A tampa do funil é aberta e o carregador do tambor é rotacionado para posicionar a válvula tipo diafragma no topo do funil. A válvula é aberta e a poeira transportada pela rosca transportadora durante um período, até o tambor ficar vazio.

Figura 10 – Tambor basculante em ambiente sem ventilação.

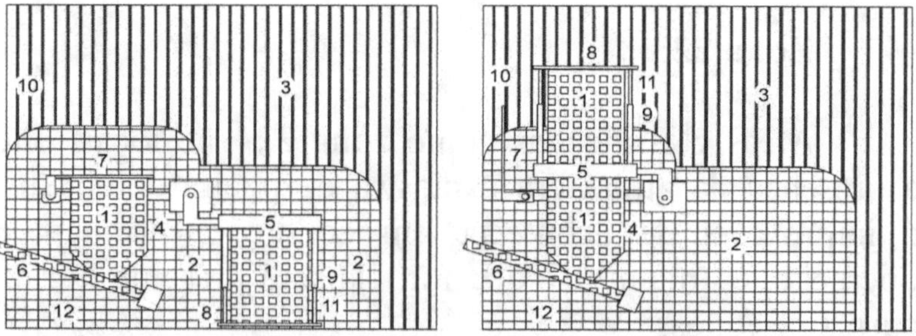

Fonte: ABNT NBR IEC 60079-10-2.

O quadro 8 fornece detalhes para compreender a classificação das zonas do tambor basculante referenciado na figura 10.

Quadro 8 – Determinação das zonas e detalhes do equipamento

Zonas	Simbologia	Descrição
20	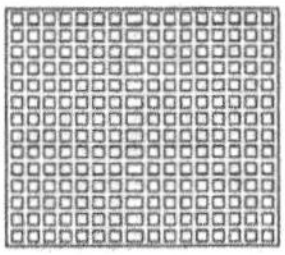	Nuvem de poeira estão frequentemente presente ou durante longos períodos no interior do tambor, do funil e da rosca transportadora, portanto é classificado como zona 20.
21		Poeiras são liberadas para atmosferas em forma de nuvem, durante a remoção da tampa do tambor ou do funil. O mesmo ocorre quando a válvula tipo diafragma é colocada ou removida do topo do funil, caracterizando uma zona 21 por estar nas proximidades da zona 20, com a poeira sendo liberada desta para a atmosfera no seu entorno.
22	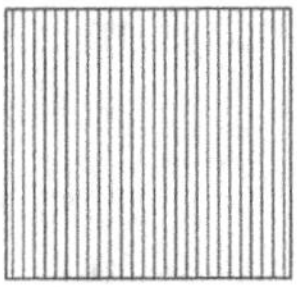	Todo o ambiente dentro do edifício no entorno do equipamento, é classificado como zona 22 por causa da probabilidade de liberação da poeira em situação anormal ou acidental, podendo formar camadas de poeira e agitação de muita poeira na área.

Legenda	Detalhes	Legenda	Detalhes
1	Zona 20	7	Tampa do funil
2	Zona 21	8	Plataforma de tambor
3	Zona 22	9	Cilindros hidráulicos
4	Funil	10	Parede
Legenda	**Detalhes**	**Legenda**	**Detalhes**
5	Válvula tipo diafragma	11	Tambor
6	Rosca transportadora	12	Piso

Fonte: Elaborado pelo autor, a partir da norma ABNT NBR IEC 60079-10-2 (2016, p. 20).

6.8 GRUPO DE POEIRAS

Agora é necessário saber qual ou quais tipos de poeiras que estarão presentes na formação da atmosfera explosiva, as poeiras combustíveis são divididas em três grupos, sendo eles IIIA, IIIB e IIIC , elas são classificadas de acordo com o nível de periculosidade, as poeiras pertencentes ao grupo IIIC, são as mais perigosas, seguidas pelas poeiras do grupo IIIB e IIIA, conforme apresentadas no quadro 9 e representadas pela figura 11. A determinação do grupo de poeiras, deve ser concluída com base nos dados obtidos através do ensaio. A classificação deve apresentar apenas um grupo de poeira, ou seja, a planta somente pode ser classificada como IIIA, IIIB ou IIIC, mesmo que seja encontradas substâncias pertencente a dois ou três grupos. No caso de haver mais de um tipo de poeira na área, você deve classificar pelo mais crítico, exemplo: uma área com poeira do grupo IIIA e IIIC simultaneamente, deve ser classificada como IIIC.

De acordo com a norma ABNT NBR IEC 60079-10-2 Poeiras combústiveis são perigosas, elas podem formar atmosferas explosivas quando estão dispersas no ar em forma de nuvem, ademais elas podem formar camadas sobre o edificio e os equipamentos, essas camadas podem entrar em combustão, após serem perturbadas por explosões primarias e provocar a igniçao da atmosfera explosiva das nuvens.

Quadro 9 - Grupos de Poeiras

Grupo	Poeiras	Material
IIIA	Fibras combustíveis	• Partículas sólidas, incluindo fibras combustíveis com tamanho nominal maior que 500 µm; • Seda artificial (Rayon) • Algodão, incluindo refugo e sobra de material; • Sisal, juta, cânhamo, fibras de coco, estopa, e sobra de pina.
IIIB	Poeiras não condutoras	• Poeira combustível com resistividade elétrica maior que 10^3 Ω.m; • Açúcar, arroz, milho, farinha de trigo, farinha de soja, acetato de polivinila, celulose, polímero de nylon; • Poeiras carbonosas combustíveis, poeira de carvão; • Farinha, grãos, Plásticos e produtos químicos.
IIIC	Poeira condutoras	• Poeira combustível com resistividade elétrica menor ou igual a 10^3 Ω.m; • Poeiras metálicas, incluindo alumínio, magnésio e suas ligas comerciais.

Fonte: Elaborado pelo autor, a partir da norma ABNT NBR IEC 60079-10-2 (2016, p.3) ABNT NBR IEC 60079-0 e NFPA 499:2017.

Figura 11 – Nível de periculosidade das poeiras

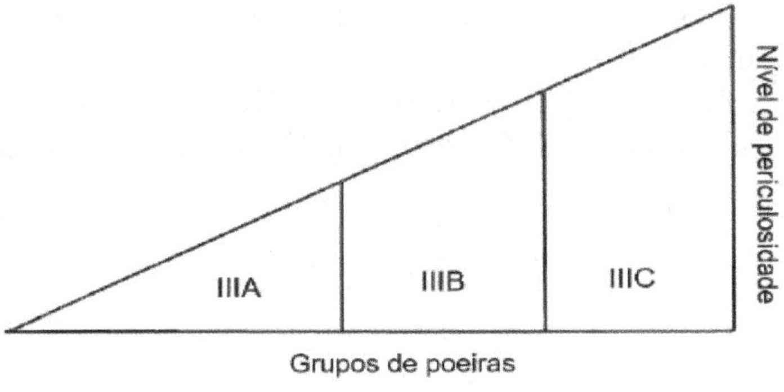

Fonte: Elaborada pelo autor.

6.9 TEMPERATURA DE IGNIÇÃO DA ÁREA

A temperatura de ignição ou temperatura de autoignição da poeira, você pode obter através dos ensaios ou na FISPQ (ficha de informações de segurança de produtos químicos). A temperatura de ignição de uma nuvem de poeira, representa a temperatura acima da qual a atmosfera explosiva pode ser inflamada quando em contato com uma fonte de ignição, que pode ser uma faísca elétrica ou a superfície superaquecida do equipamento. Diferentemente da atmosfera explosiva de gás, poeiras podem iniciar uma explosão, denominada de primária quando estão depositadas em camadas sobre os equipamentos e secundária, a partir das poeiras que estão suspensas na atmosfera, sendo assim a temperatura da camada de poeira deve ser consideradas na classificação da área. A temperatura de ignição da área com presença de poeira, deve ser representada em graus Celsius (por exemplo: T85°C; T200°C), essa temperatura tem uma relação direta com a temperatura produzida pelos equipamentos elétricos e não elétricos instalados, sendo assim equipamento que produz calor acima da temperatura de ignição da área, não deve ser utilizado ou instalado, sob o risco de explosão.

Um exemplo de classificação de área com poeira combustível, ficaria assim:

Zona 21, grupo de poeiras IIIB e temperatura de ignição da área 200°C com EPL Db (Z21 IIIB T200°C Db).

7
EQUIPAMENTOS PARA USO EM ÁREAS CLASSIFICADAS COM POEIRA

Tipo de proteção ou método de proteção é a proteção do equipamento elétrico ou não elétrico para adequar o seu uso em atmosferas explosivas. São diversas tecnologias de construção de equipamentos para uso em áreas classificadas, sendo que um dos mais antigos métodos de proteção é o equipamento à prova de explosão, denominado também de equipamento (Ex d). Para cada tipo de proteção existe uma norma específica de construção, o quadro 10 apresenta um resumo das normas com tipos de proteção de equipamentos para uso nessas áreas.

Esses equipamentos podem ser projetados e fabricados utilizando-se apenas um tipo de proteção, como por exemplo, Ex d (à prova de explosão) ou ainda pode ser projetado e fabricado utilizando-se dois ou mais tipos de proteção, como por exemplo: equipamento à prova de explosão e segurança aumentada (Ex de), nesse caso o equipamento tem características construtivas à prova de explosão e segurança aumentada, para ser instalado em atmosferas com poeiras, o equipamento deve ser fabricado e ensaiado também com o tipo de proteção Ex t.

Quadro 10 – Tipos de proteção

Proteção	Tipo de proteção	Simbologia	Princípio básico	Norma ABNT NBR IEC
À prova de explosão	Ex d		Invólucro capaz de suportar uma pressão de explosão interna e não permite que se propague para o ambiente externo.	60079-1
Segurança aumentada	Ex e		Tipo de proteção aplicado aos equipamentos elétricos ou componentes Ex, nos quais medidas adicionais são aplicadas de forma a proporcionar uma segurança aumentada contra a possibilidade de temperaturas excessivas e a ocorrência de arcos e centelhas.	60079-7
Não acendível	Ex n		São métodos de construção, dispositivos ou circuitos que em condições normais de operação não produzem arco, centelha ou alta temperatura.	60079-15
Proteção por invólucro	Ex t		Tipo de proteção na qual as partes centelhante são confinadas em um invólucro totalmente ou parcialmente protegido contra a penetração de poeiras, e que possui meios de limitar a temperatura de superfície.	60079-31

Proteção	Tipo de proteção	Simbologia	Princípio básico	Norma ABNT NBR IEC
Segurança intrínseca	Ex i	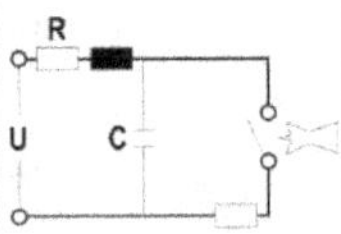	São métodos de construção, dispositivos ou circuitos que em condições normais de operação não possuem energia suficiente para inflamar uma atmosfera explosiva.	60079-11
Equipamentos imersos em óleo	Ex o	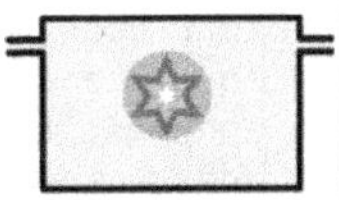	As partes que podem provocar centelhamento ou desenvolver altas temperaturas se situam em um meio isolante com óleo.	60079-6
Equipamentos imersos em areia	Ex q	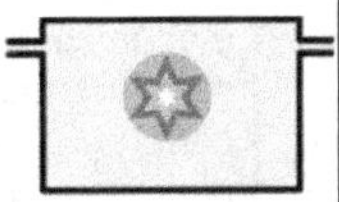	As partes que podem provocar centelhamento ou desenvolver altas temperaturas se situam em um meio isolante com areia.	60079-5
Equipamentos imersos em resina	Ex m	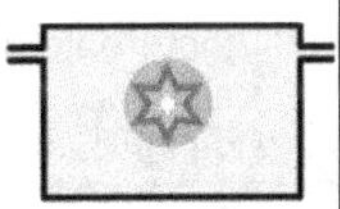	As partes que podem provocar centelhamento ou desenvolver altas temperaturas se situam em um meio isolante com resina.	60079-18
Pressurizado	Ex p	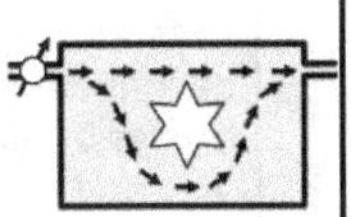	Equipamentos que opera com pressão positiva internamente de forma a evitar a penetração da atmosfera explosiva no seu interior.	60079-2

Proteção	Tipo de proteção	Simbologia	Princípio básico	Norma ABNT NBR IEC
Proteção especial "s"	Ex s	-	Conceito que permite projeto, avaliação e ensaios de equipamentos que não podem ser totalmente avaliados dentro dos tipos de proteção normalizados ou de suas combinações, devido às limitações funcionais ou operacionais, mas que podem demonstrar que atende ao nível de proteção de equipamento necessário. - EPL.	60079-33
Controle de fonte de ignição "b"	Ex h		Tipo de proteção contra ignição onde dispositivos mecânicos ou elétricos são utilizados em conjunto com equipamentos não elétricos, para reduzir de forma manual ou automática, a probabilidade de uma fonte potencial de ignição se tornar uma fonte efetiva de ignição.	ABNT NBR ISO 80079-37 ABNT NBR ISO 80079-36
*Segurança construtiva "c"	Ex c		Tipo de proteção contra ignição onde medidas construtivas são aplicadas de forma a proteger contra a possibilidade de ignição a partir de superfícies quentes, faíscas mecânicas e compressão adiabática geradas por partes moveis.	ABNT NBR ISO 80079-37

Proteção	Tipo de proteção	Simbologia	Princípio básico	Norma ABNT NBR IEC
*Imersão em líquido "k"	Ex k		Tipo de proteção onde as fontes potenciais de ignição são tornadas não efetivas ou separadas da atmosfera explosiva pela imersão total das fontes de ignição em um líquido de proteção ou por imersão parcial e recobrimento contínuo de suas superfícies ativas com um líquido de proteção, de forma que uma atmosfera explosiva que possa estar acima do líquido ou no lado externo do invólucro do equipamento não possa entrar em ignição.	ABNT NBR ISO 80079-37
Radiação óptica inerente-mente segura	Op is	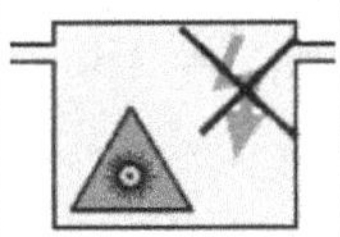	Radiação visível ou em infravermelho que é incapaz de produzir energia suficiente sob condições normais ou de falha especificada para causar a ignição de uma atmosfera explosiva especifica	60079-28
Radiação óptica protegida	Op pr	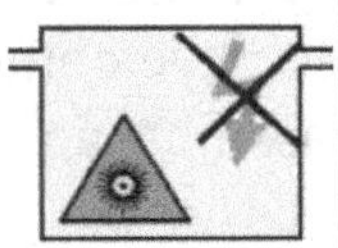	Radiação visível ou em infravermelho que esta confinada em uma fibra óptica ou outro meio de transmissão sob condições normais de construção ou construções com proteção mecânica adicional baseada na premissa de que não há fuga de radiação do confinamento	60079-28

Proteção	Tipo de proteção	Simbologia	Princípio básico	Norma ABNT NBR IEC
Sistema óptico com intertrava-mento	Op sh	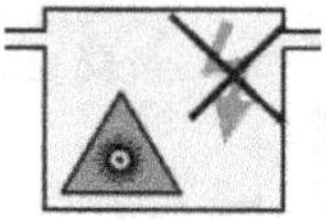	Sistema para confinar a radiação visível ou infravermelha dentro de uma fibra óptica ou outro meio de transmissão com desligamento por intertravamento para reduzir de forma confiável a intensidade do feixe não confinado em níveis seguros, dentro de um período especificado, no caso de falha do confinamento tomando a radiação não confinada	60079-28

Fonte: Elaborado pelo autor, a partir das normas: ABNT NBR IEC 60079 ; ABNT NBR ISO 80079-37 e ABNT NBR ISO 80079-36.

- *Maiores informações as normas devem ser consultadas;
- O tipo de proteção "op is" pode ser aplicado em equipamentos do grupo I, II e III com EPL Ma, Mb, Ga, Gb, Gc, Da, Db, Dc.

7.1 EQUIPAMENTO HÍBRIDO

Os equipamentos para uso e aplicação em atmosferas explosivas, normalmente são fabricados e identificados para uso híbrido, ou seja para atmosfera explosiva gasosa e de poeira, sendo assim, você deve conferir se a marcação do equipamento, atende a classificação da área na qual ele será utilizado. Existem raros casos em que o equipamento não possuem as duas certificações, por isso, a seleção dele deve ser feita com base nos dados de classificação da área. Na figura 14 você pode contemplar uma placa de marcação de equipamento híbrido. O equipamento para áreas com poeira, deve possuir na sua marcação um dos três elementos: Ex ta; Ex Tb ou Ex tc (para zona 20, 21 ou 22).

8
GRAU DE PROTEÇÃO

Segundo a norma ABNT NBR IEC 60529, o grau de proteção determina o nível de proteção do invólucro contra a penetração de objetos sólidos e de água no interior do equipamento. A determinação do grau de proteção é representada por dois números, chamados de primeiro e segundo numeral característico (quadros 11 e 12). O primeiro representa a proteção do invólucro contra a penetração de corpos sólidos incluindo a poeira, e o segundo numeral, contra a penetração de água. O grau de proteção também pode ser formado agregando-se uma letra adicional a esses números para indicar a proteção de pessoas contra o acesso às partes perigosas do equipamento, conforme apresentadas no quadro 13 e letra suplementar para indicar características suplementares dele, conforme apresentadas no quadro 14. A letra suplementar deve ser impressa logo após o segundo numeral característico ou após a letra adicional

Quadro 11 – Grau de proteção para invólucros de equipamentos elétricos,proteção contra o ingresso de objetos sólidos incluindo poeira.

Primeiro numeral	Descrição sucinta	Definição
0	Não protegido.	
1	Protegido contra objetos sólidos com diâmetro igual ou maior que 50 mm.	O calibrador esfera com diâmetro de 50 mm não deve penetrar totalmente.
2	Protegido contra objetos sólidos com diâmetro de 12,5 mm.	O dedo de prova normalizado com diâmetro de 12 mm e comprimento de 80 mm não deve penetrar totalmente.

Primeiro numeral	Descrição sucinta	Definição
3	Protegido contra objetos sólidos com diâmetro igual ou maior que 2,5 mm.	A haste com 2,5 mm de diâmetro não deve penetrar totalmente.
4	Protegido contra objetos sólidos com diâmetro igual ou maior que 1,0 mm.	Fio com 1,0 mm de diâmetro não deve penetrar totalmente.
5	Protegido contra poeira.	Não é totalmente protegido contra a penetração de poeira, mas a poeira não deve penetrar em quantidade suficiente que prejudique a operação do equipamento.
6	Totalmente protegido contra poeira.	Nenhuma penetração de poeira.

Fonte: Adaptado da norma ABNT NBR IEC 60529:2017.

- Nota: informações adicionais e maiores detalhes, a norma deve ser consultada.

Quadro 12 – Grau de proteção para invólucros de equipamentos elétricos, proteção contra o ingresso de água.

Segundo numeral	Descrição sucinta	Definição
0	Não protegido.	-
1	Protegido contra gotas de água caindo na vertical.	Gotas de água caindo na vertical não devem ter efeitos prejudiciais.
2	Protegido contra queda de gotas de água caindo na vertical, quando o invólucro for inclinado até 15°.	A queda de gotas de água vertical não deve ter efeitos prejudiciais quando o invólucro estiver inclinado num ângulo de até 15° de cada lado de sua posição vertical.

Segundo numeral	Descrição sucinta	Definição
3	Protegido contra água aspergida.	Água aspergida num ângulo de até 60° de cada lado da vertical contra o invólucro não deve ter efeitos prejudiciais.
4	Protegido contra projeções de água.	Água projetada de qualquer direção contra o invólucro não deve ter efeitos prejudiciais.
5	Protegido contra jatos de água.	Água projetada de qualquer direção contra o invólucro não deve ter efeitos prejudiciais.
6	Protegido contra jatos potentes de água.	Água projetada com jatos potentes contra o invólucro em qualquer direção não deve ter efeitos prejudiciais.
7	Protegido contra os efeitos de imersão temporária em água.	Quando o invólucro estiver imerso temporariamente em água sob condições padronizadas de pressão e tempo, não deve ser possível a penetração de água em quantidade prejudicial.
8	Protegido contra os efeitos de imersão contínua em água.	Quando o invólucro estiver continuamente imerso em água sob condições previamente acordadas entre o fabricante e o usuário, não pode haver penetração de água em quantidade prejudicial, porém as condições de ensaio devem ser mais severas do que as do numeral 7.
9	Protegido contra jatos d'água com alta pressão e alta temperatura.	Água projetada a alta pressão e alta temperatura contra o invólucro a partir de qualquer direção não pode apresentar efeitos prejudiciais.

Fonte: Adaptado da norma ABNT NBR IEC 60529:2017.

O grau de proteção aplicado ao equipamento elétrico de uso em áreas classificadas desempenha um papel de extrema relevância na segurança durante o ciclo de vida dele, pois o ingresso de água ou de poeira pode comprometer a segurança e provocar explosão e incêndio. Sendo assim, os profissionais responsáveis, devem ter o cuidado para que o grau de proteção especificado no equipamento seja assegurado desde a instalação inicial e verificado durante as inspeções periódicas. O grau de proteção pode ser prejudicado durante a instalação, na montagem e desmontagem do equipamento, as entradas roscadas do equipamento também pode ser considerada um local por onde água poderá penetrar, por esses motivos as instalações devem ser executadas por profissionais que tenham conhecimento sobre os equipamentos e as normas.

Quadro 13 – Grau de proteção contra o acesso às partes perigosas.

Letra adicional	Grau de proteção	
	Descrição sucinta	Definição
A	Protegido contra o acesso com o dorso da mão	A esfera com diâmetro de 50 mm deve ter uma distância de isolamento apropriada das partes perigosas
B	Protegida contra o acesso com um dedo	O dedo de prova normalizado com diâmetro de 12 mm e comprimento de 80 mm deve manter uma distância de isolamento apropriada das partes perigosas

Letra adicional	Grau de proteção	
	Descrição sucinta	**Definição**
C	Protegido contra o acesso com uma ferramenta	A haste com diâmetro de 2,5 mm e comprimento de 100 mm deve manter uma distância de isolamento apropriada das partes perigosas
D	Protegido contra o acesso com um fio	O fio com diâmetro de 1,0 mm e comprimento de 100 mm deve manter uma distância de isolamento apropriada das partes perigosas

Fonte: ABNT NBR IEC 60529 (2017, p.13).

Quadro 14 – Grau de proteção - letras suplementares.

Letra suplementar	Significado
H	Equipamento de alta tensão
M	Ensaiado para efeitos prejudiciais devido ao ingresso de água, quando as partes perigosas móveis do equipamento (por exemplo: o rotor de uma máquina rotativa) estão em movimento
S	Ensaiado para efeitos prejudiciais devido ao ingresso de água, quando as partes móveis do equipamento (por exemplo: o rotor de uma máquina rotativa) estão estacionárias
W	Apropriado para uso sob condições ambientais especificadas e fornecido com características ou processos de proteção adicionais

Fonte: ABNT NBR IEC 60529 (2017, p.13).

Exemplo para identificação do grau de proteção - IP

Um equipamento elétrico totalmente protegido contra a penetração de poeira e, ao mesmo tempo, protegido contra jatos de água pode ser verificado na figura 12.

Figura 12 - Grau de proteção IP 65.

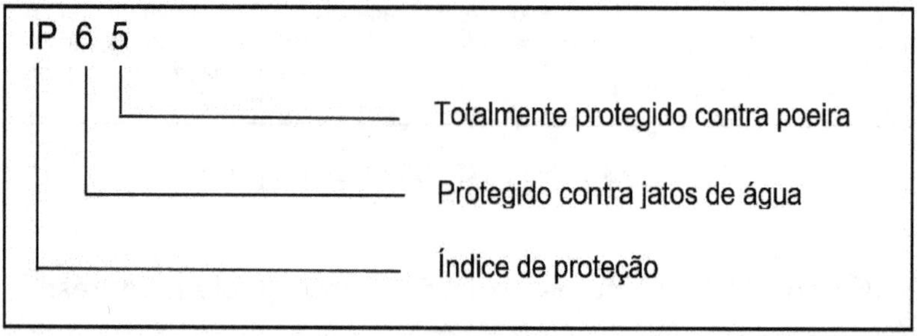

9
EPL - NÍVEL DE PROTEÇÃO DO EQUIPAMENTO

De acordo com a ABNT NBR IEC 60079-0, vários conjuntos de letras, sendo estes denominados EPL, devem ser utilizados para a identificação do nível de proteção dos equipamentos elétricos usados em atmosferas explosivas, conforme apresentados no quadro 15 e representadas pela figura 13.

Quadro 15 – nível de proteção do equipamento *EPL.

*EPL	Grupo	Área de aplicação	Características
Ma	I	Mina de carvão	Equipamento para ser utilizado em mina de carvão sujeita à atmosfera com a presença de gás metano (grisu), com nível de proteção muito alto.
Mb	I	Mina de carvão	Equipamento para ser utilizado em mina de carvão sujeita à atmosfera com a presença de gás metano (grisu), com nível de proteção alto.
Da	III	Zona 20	Equipamento para ser utilizado em atmosfera explosiva de poeira, com nível de proteção muito alto.

*EPL	Grupo	Área de aplicação	Características
Db	III	Zona 21	Equipamento para ser utilizado em atmosfera explosiva de poeira, com nível de proteção alto.
Dc	III	Zona 22	Equipamento para ser utilizado em atmosfera explosiva de poeira, com nível de proteção elevado.
Ga	II	Zona 0	Equipamento para ser utilizado em atmosfera explosiva de gás, com nível de proteção muito alto.
Gb	II	Zona 1	Equipamento para ser utilizado em atmosfera explosiva de gás, com nível de proteção alto.
Gc	II	Zona 2	Equipamento para ser utilizado em atmosfera explosiva de gás, com nível de proteção elevado.

Fonte: elaborado pelo autor, a partir da norma ABNT NBR IEC 60079-0 (2020, p. 12, p. 16).

- *Sigla originada do inglês Equipment Protection Level;
- *Importante usar as letras maiúsculas e minúsculas conforme apresentadas no quadro 15.

A simbologia apresentada no quadro 16 representa o nível de proteção contemplado pelo equipamento elétrico (EPL*), ela deve ser identificada no projeto de classificação da área bem como no equipamento. A simbologia remete também às zonas e o tipo da atmosfera explosiva de gás ou poeira combustível.

Quadro 16 – Simbologia da marcação *EPL

Nível de proteção do equipamento	Atmosfera explosiva		*Simbologia	Zonas	
Muito alto	Poeira	D	Da	a	20
Alto	Poeira	D	Db	b	21
Elevado ou normal	Poeira	D	Dc	c	22
Muito alto	Gás	G	Ga	a	0
Alto	Gás	G	Gb	b	1
Elevado**	Gás	G	Gc	c	2

Fonte: Elaborado pelo autor, a partir da norma ABNT NBR IEC 60079-0 (2020, p. 12, p. 16).

- D (dust) G(gás);
- **A Diretiva 2014/34/UE, denomina esse nível de Normal;
- *Sigla originada do inglês Equipment Protection Level;
- *Importante usar as letras maiúsculas e minúsculas conforme apresentadas no quadro 16.

Figura 13 – nível de proteção do equipamento - grupo II e III

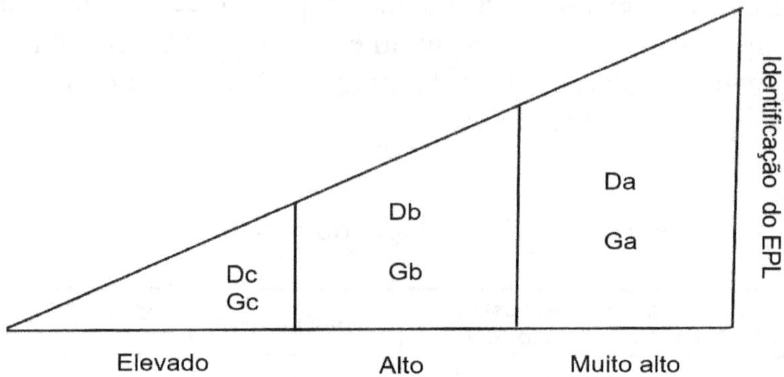

G – Gás D – Poeira
Fonte: Elaborado pelo autor

9.1 Equipamento elétrico para uso em áreas classificadas

No Quadro 17, são apresentadas áreas de utilização de equipamentos elétricos para atmosferas explosivas de gás, vapor, névoa e poeira combustível de acordo com as zonas e o grupo de gás ou de poeira para o qual o equipamento foi projetado, fabricado e certificado. Um equipamento elétrico pode ser projetado para uso simultâneo em atmosferas explosivas de gás e poeira combustível.

Quadro 17 – Equipamento para uso em atmosfera explosiva de gás e poeira combustível

Equipamento para atmosfera explosiva de poeira combustível		**Equipamento para atmosfera explosiva de gás, vapor ou névoa**	
Fabricado para	**Área permitida**	**Fabricado para**	**Área permitida**
Zona 20	Zona 20, 21 e 22	Zona 0	Zona 0, 1 e 2
Zona 21	Zona 21 e 22	Zona 1	Zona 1 e 2
Zona 22	Zona 22	Zona 2	Zona 2
IIIA	IIIA	IIA	IIA
IIIB	IIIA e IIIB	IIB	IIA e IIB
IIIC	IIIA - IIIB e IIIC	IIC	IIA - IIB e IIC

Fonte: Elaborado pelo autor, a partir da norma ABNT NBR IEC 60079-0:2013.

10
CLASSE DE TEMPERATURA

O quadro 18 apresenta os níveis para classificação da temperatura de ignição que serão utilizada na classificação da área, bem como para a marcação da temperatura máxima produzida pelo equipamento, em condições severas de funcionamento.

Quadro 18 - Classe de temperatura

IEC - ABNT NBR IEC		NEC – CEC	
Simbologia	**Temperatura °C**	**Simbologia**	**Temperatura °C**
T1	450	T1	450
T2	300	T2	300
		T2A	280
		T2B	260
		T2C	230
		T2D	215
T3	200	T3	200
		T3A	180
		T3B	165
		T3C	160
T4	135	T4	135
		T4A	120
T5	100	T5	100
T6	85	T6	85

Fonte: Elaborado pelo autor.

- Os equipamentos para gás e vapor, deve ser marcado pela simbologia T6 a T1;
- Os equipamentos para atmosferas com poeiras, deve ser marcado com o valor real da temperatura máxima de superfície em graus Celsius, exemplo: T200°C.

11
MARCAÇÃO DE EQUIPAMENTOS ELÉTRICOS PARA ÁREAS CLASSIFICADAS

Conforme as normas brasileiras ABNT NBR IEC 60070-0; ABNT NBR IEC 60079-10-2 e ABNT NBR ISO 80079-36:2018, os equipamentos, componentes e acessórios para instalação em áreas classificadas devem ser identificados com marcação especificada segundo a área de utilização do produto. A simbologia apresentada nas colunas "Marcação" e "Marcação do EPL" é parte integrante dos elementos empregados para identificar os equipamentos para uso nessas áreas. A identificação e marcação desses equipamentos devem ser feitas de acordo com as orientações contidas no certificado de conformidade do produto.

O quadro 19 foi elaborado com base nos dados fornecidos pelas normas e apresenta diversos conjuntos de letras que são utilizadas para identificação e marcação de equipamentos para uso em atmosferas explosivas. A marcação de conformidade é requisito obrigatório para todo equipamento, componente e acessório elétrico de uso em áreas classificadas, conforme estabelece a portaria 115 do Inmetro e as normas da série ABNT NBR IEC 60079.

Quadro 19 – Marcação de equipamentos elétricos, componentes e acessórios para áreas classificadas.

Identificação do equipamento		Área de utilização do equipamento	*Características da simbologia apresentada na coluna marcação
***Marcação**	**Marcação do EPL**		
Ex	-	-	Equipamento elétrico para instalação em áreas classificadas de acordo com as normas ABNT NBR IEC[1] ou IEC.
AEx	-	-	Equipamento elétrico para instalação em áreas classificadas conforme as normas IEC – origem América do Norte.
T1 - T2 T3 - T4 T5 - T6	-	-	Classificação da temperatura do equipamento ou da atmosfera explosiva.
I	-	Mina de carvão	Atmosfera explosiva de gás formada pelo grisu.
IIA	-	Atmosfera explosiva de gás e vapor, exceto minas.	Gás representativo: propano.
IIB			Gás representativo: etileno.
IIC			Gás representativo: hidrogênio.
IIIA	-	Atmosfera explosiva de poeira combustível, exceto minas.	Fibras combustíveis.
IIIB			Poeiras não condutoras.
IIIC			Poeiras condutoras.
da	Ma	Mina de carvão	Equipamento à prova de explosão.
da	Ga	Zona 0	Equipamento à prova de explosão
db	Mb	Mina de carvão	Equipamento à prova de explosão.
db	Gb	Zona 1	Equipamento à prova de explosão
dc	Gc	Zona 2	Equipamento à prova de explosão.

Identificação do equipamento		Área de utilização do equipamento	*Características da simbologia apresentada na coluna marcação
*Marcação	Marcação do EPL		
eb	Mb	Mina de carvão	Equipamento de segurança aumentada.
eb	Gb	Zona 1	Equipamento de segurança aumentada.
ec	Gc	Zona 2	Equipamento de segurança aumentada.
ia	Ga	Zona 0	Equipamento de segurança intrínseca.
ia	Da	Zona 20	Equipamento de segurança intrínseca.
ia	Ma	Mina de carvão	Equipamento de segurança intrínseca.
ib	Gb	Zona 1	Equipamento de segurança intrínseca.
ib	Db	Zona 21	Equipamento de segurança intrínseca.
ib	Mb	Mina de carvão	Equipamento de segurança intrínseca.

Fonte: Elaborado pelo autor, a partir das normas ABNT NBR IEC 60079-0:2020; ABNT NBR IEC 60079-10-2:2013 e ABNT NBR ISO 80079-36:2018.

- [1] International Electrotechnical Commission (IEC), em português: Comissão Eletrotécnica Internacional. É uma organização mundial que publica normas internacionais e gerência sistemas de avaliação de conformidade dos produtos elétricos e eletrônicos, incluindo sistemas e serviços.

11.1 IDENTIFICAÇÃO DO EQUIPAMENTO Ex

A maneira mais segura para identificar um equipamento de uso em área classificada é localizando a marcação de conformidade. Equipamento para ser usado nesses locais deve ser identificado com uma marcação apropriada, conforme os requisitos estabelecidos pela norma ABNT NBR IEC 60079-0 e regulamentado através da portaria número 115 do Inmetro, de 21/03/2022. Lembrando que esses equipamentos têm sua marcação iniciada pela simbologia Ex, incluindo informações como o tipo de proteção, grupo de gases e poeiras, classe de temperatura e nível de proteção (EPL), conforme apresentado nas figuras 14; 14A e 14B. Para compreender a marcação do equipamento elétrico, você deve recorrer aos dados inseridos nos quadros: 15, 16, 18 e 19.

Figura 14 – Marcação de equipamento híbrido: gás e poeira combustível.

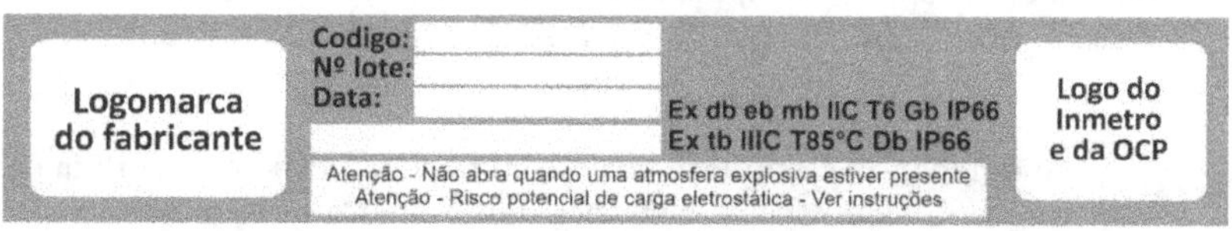

Figura 14A – Marcação para gás.

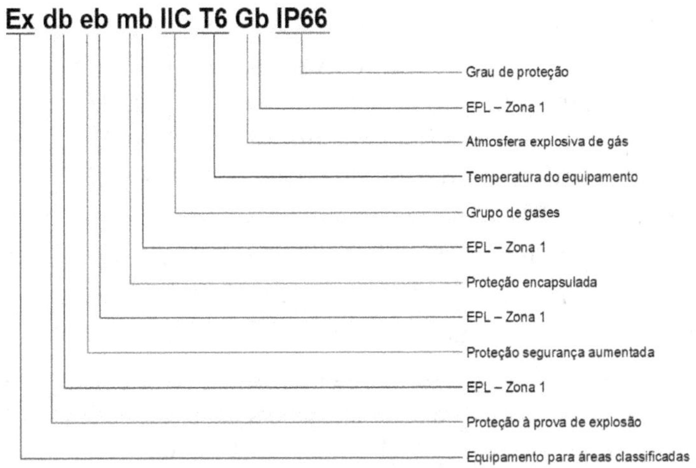

Fonte: elaborada pelo autor.

Figura 14B – Marcação poeira combustível.

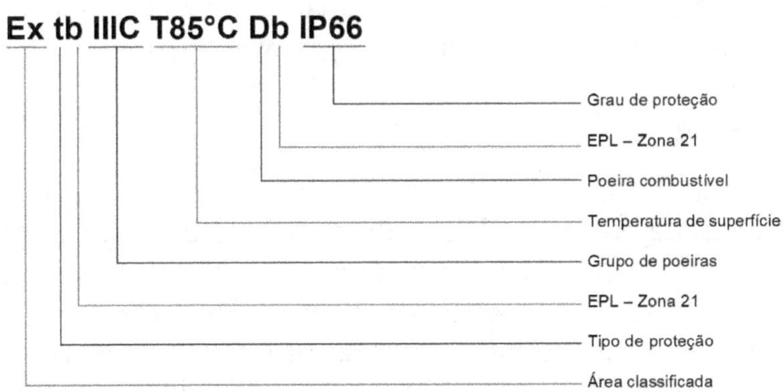

Fonte: elaborada pelo autor.

12
DIRETIVA ATEX 2014/34/UE

As atividades nas quais estão envolvidos produtos que geram atmosferas explosivas formadas por gases, vapores e poeiras combustíveis, nos países pertencentes a comunidade europeia, estão regulamentadas pela Diretiva 2014/34/UE do parlamento Europeu e do conselho, de 26 de fevereiro de 2014.

Essa Diretiva, refere-se à harmonização da legislação dos estados membros relativa a aparelhos e sistemas de proteção a ser utilizado em atmosferas potencialmente explosivas, ela regulamenta desde o projeto de classificação da área, os equipamentos, instalação, manutenção e tudo que envolve a segurança dos trabalhadores e de outras pessoas que transitam nesses locais.

A Diretiva é aplicável aos aparelhos e sistemas de proteção destinados a serem utilizados em atmosferas explosivas, é aplicada ainda aos dispo¬sitivos de segurança, controle e regulamentação, destinados a serem utilizados em atmosferas potencialmente explosivas.

12.1 CLASSIFICAÇÃO DO EQUIPAMENTO

A Diretiva classifica os equipamentos, aparelhos e sistemas de proteção, de acordo com o nível de segurança para uso e instalação em áreas contendo atmosferas explosivas de gás, vapor ou poeira combustível. Ela classifica em grupo I, categorias M1 e M2; grupo II, categorias 1, 2 e 3, indicando os níveis de segurança exigidos para cada grupo e categoria, a diretiva aponta também as regras e os detalhes para identificação e marcação do equipamento, conforme apresentadas no quadro 20.

De acordo com a diretiva, são considerados aparelhos: "máquinas, materiais, dispositivos fixos ou móveis, órgãos de comando e instrumentos, sistemas de detecção e prevenção que, isolados ou combinados, se destinem à produção, transporte, armazenamento, medição, regulação, conversão de energia e/ou transformação de materiais e que, pelas fontes potenciais de inflamação que lhes são próprias, possam provocar uma explosão. São considerados sistemas de proteção, os dispositivos que não os componentes dos aparelhos, cuja função consista em fazer parar imediatamente as explosões incipientes e/ ou limitar a zona afetada por uma explosão e que sejam disponibilizados no mercado separadamente como sistemas com funções autônomas".

A Diretiva 1999/92/CE, faz parte dessa regulamentação, ela estabelece as prescrições mínimas para garantia da proteção, da segurança e da saúde dos trabalhadores que estão sujeitos e expostos aos riscos decorrentes de atmosferas explosivas. Estabelece também os critérios para seleção dos equipamentos correspondentes a classificação das áreas perigosas.

De acordo com essa diretiva, o empregador deve prevenir para evitar a formação da atmosfera explosiva e quando não for possível, deve trabalhar para evitar a ignição essa atmosfera e no caso de uma explosão, deve trabalhar para atenuar os efeitos da explosão. Nesse sentido, o empregador precisa tomar medidas para que explosões sejam evitadas e proteger os trabalhadores dos efeitos que elas produzem.

A Figura 15 apresenta um exemplo de marcação e identificação de equipamento certificado de acordo os requisitos da Diretiva ATEX.

A terminologia ATEX tem origem na língua francesa (atmosphères explosives).

As informações apresentadas no quadro 20, vai contribuir para entender a marcação de equipamentos elétricos e não elétricos de acordo com ATEX.

Quadro 20 – Elementos para marcação de conformidade ATEX.

Grupo	Categoria	Nível de proteção	EPL	Atmosfera	Aplicação
I	M1	Muito elevado	Ma	Mina	Grisu Poeira
	M2	Elevado	Mb	Mina	
II	1	Muito elevado	Ga	Gás	Zona 0
			Da	Poeira	Zona 20
	2	Elevado	Gb	Gás	Zona 1
			Db	Poeira	Zona 21
	3	Normal	Gc	Gás	Zona 2
			Dc	Poeira	Zona 22
Características					
I	M1	• Equipamento com nível de proteção muito elevado; • Deve manter em operação, mesmo em caso de avaria do equipamento; • Em caso de falha de um dos meios de proteção, pelo menos um segundo meio de proteção, deve assegurar o nível de proteção necessário; • O nível de proteção deve ser garantido, no caso de dois defeitos independentes um do outro; • Indicado para mina subterrânea e nas instalações de superfície com presença de grisu e/ou poeira combustível.			
	M2	• Equipamento com nível de proteção elevado; • No caso da presença de atmosfera explosiva, a alimentação de energia deve ser cortada; • Indicado para mina subterrânea e nas instalações de superfície com presença de grisu e/ou poeira combustível.			

		Características
II	1	• Equipamento com nível de proteção muito elevado; • Equipamento indicado para áreas com presença de gás, vapor, névoa ou poeira combustível; • No caso de falha de um dos meios de proteção, pelo menos um segundo meio de proteção, independente faça a proteção necessária; • No caso de aparecer dois defeitos independentes, o equipamento possa assegurar o nível de proteção necessário.
	2	• Equipamento com nível de proteção muito elevado; • Equipamento indicado para áreas com presença de gás, vapor, névoa ou poeira combustível; • No caso de falha de um dos meios de proteção, pelo menos um segundo meio de proteção, independente faça a proteção necessária; • No caso de aparecer dois defeitos independentes, o equipamento possa assegurar o nível de proteção necessário.
	3	• Equipamento com nível de proteção normal; • Equipamento indicado para áreas com pouca possibilidade presença de atmosfera explosiva de gás, vapor, névoa ou poeira combustível, e quando ocorrer tem curta duração; • Equipamento assegura o nível de proteção necessário durante a operação normal.
Simbologia		**Descrição**
D		Equipamento projetado e fabricado para uso em atmosferas explosivas de poeira combustível.
G		Equipamento projetado e fabricado para uso em atmosferas explosivas de gás e vapor.
CE		Símbolo identificando que o produto, está de acordo com a legislação podendo ser comercializado na comunidade europeia.
Ex		Símbolo identificando que o produto, foi certificado de acordo com as Diretivas ATEX.

Fonte: Elaborado pelo autor, a partir da Diretiva 2014/34/UE, Diretiva 1999/92CE - normas IEC + legislação.

- Grupo I - mina subterrânea contendo metano e poeira de carvão(Grisu);
- Grupo II – Indústria de superfície (são as atividades não subterrâneas);
- Você deve inserir na marcação do equipamento para poeira, o valor real da temperatura máxima de superfície em graus Celsius, exemplo: T90°C.

Figura 15 - Marcação de equipamento conforme a Diretiva ATEX

Fonte: Elaborado pelo autor a partir da Diretiva 2014/34/UE - ABNT NBR IEC 60079-0.

- Equipamento para atmosfera de gás: CE 0123 Ex II 2 G Ex db eb IIC T6 Gb IP65*;
- Equipamento para atmosfera de poeira: CE 0123 Ex II 2 D Ex tb IIIC T85°C Db IP65*;
- *No Brasil, a marcação contempla o IP do invólucro;
- De acordo com a Diretiva 2014/34UE, o mesmo equipamento deve possuir certificação para atmosferas explosivas de gás e poeira simultaneamente.

Figura 16 – Marcação de equipamento de acordo com ABNT NBR IEC/IECEx

Fonte: elaborado pelo autor.

*Por se tratar de requisito importante na segurança do equipamento, entende-se que o grau de proteção deve fazer parte da marcação de conformidade.

Figura 17 - Marcaçao de equipamento americano de acordo com NEC/ IEC

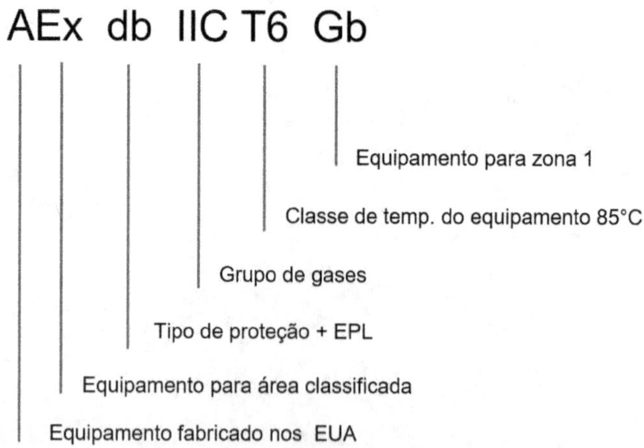

Fonte: Elaborado pelo autor.

13
IECEx

IECEx, é um sistema da Comissão Eletrotécnica Internacional para certificação de normas relativas a equipamentos para uso em atmosferas explosivas, o sistema considera tres partes na certificaçao, as quais compõe o ciclo de vida das instalações e dos equipamentos em áreas com a presença de atmosferas explosivas, essas partes estão relacionadas abaixo e apresentadas na figura 18.

- A certificação dos profissionais envolvidos com a prestação de serviços em atmosferas explosivas: os profissionais envolvidos com trabalhos nessas áreas devem ser treinados e receber a certificação de organismo de credenciamento de competências pessoais que ateste as suas competências para exercer as diversas atividades em áreas classificadas,. Conforme apresentadas no quadro 21.
- A certificação do equipamento para uso em atmosferas explosivas: todos os equipamentos componentes e acessórios elétricos e eletrônicos para uso em áreas classificadas devem ser submetidos à certificação de acordo com portaria do Inmetro.
- A certificação de empresas de prestação de serviços em atmosferas explosivas: as empresas de prestação de serviços também devem ser certificadas para executar serviços em áreas classificadas.

IECEx é também uma ferramenta de avaliação da conformidade que oferece a confiança de que os profissionais, as empresas de prestação de serviços e os equipamentos estão cobertos por certificados e pelos requisitos técnicos elaborados pela IEC.

Figura 18 - Sistema de certificação IECEx para o ciclo de vida das instalações.

Fonte: Elaborado pelo autor.

O sistema IECEx, determina os conhecimentos básicos necessários para realizar trabalhos com segurança em áreas classificadas e as competências específicas exigidas do profissional para realizar atividades relacionadas com instalações e equipamentos elétricos para uso em atmosferas explosivas, estabelece também os requisitos para os quais as Competências devem ser avaliadas e atribuídas.

Para o sistema IECEx, a segurança das pessoas que trabalham nas áreas com a presença de atmosferas explosivas é requisito mandatório, nesse sentido o profissional certificado deve possuir uma compreensão da natureza dos riscos envolvidos nas áreas com a presença de atmosferas explosivas e também das limitações sobre os equipamentos que podem ser levados para dentro dessas áreas e da responsabilidade de segurança e saúde ocupacional, assim como dos procedimentos relacionados com áreas classificadas.

De acordo com o sistema IECEx, o potencial de acidentes nas áreas com a presença de atmosferas explosivas pode ser elevado caso os profissionais envolvidos não forem competentes, por isso preparar e qualificar os profissionais para que tenham conhecimentos de trabalhar nessas áreas é requisito necessário para a segurança dos locais e dos trabalhadores.

Ainda para o sistema IECEx, as competências do profissional envolvido com trabalhos em atmosferas explosivas incluem a habilidade de realização de tarefas específicas, ao invés de requisitos gerais prescritos especificados em regulamentos e procedimentos de instalação. A competência depende ainda de conhecimentos, habilidades, experiência e treinamentos.

As competências pessoais requeridas dos profissionais envolvidos com instalação e equipamentos elétricos de uso em áreas classificadas envolvem as atividades relacionadas no Quadro 21 e consta em documento operacional do sistema IECEx OD504 e do sistema de certificação do IEC.

IECEx, é um sistema internacional de avaliação da conformidade oferecendo a segurança de que empresas de prestação de serviços Ex, profissionais especializados Ex, bem como os equipamentos Ex, estão garantidos por um certificado IECEx de acordo com os requisitos das normas técnicas do IEC.

Quadro 21 – Unidades de competências pessoais do sistema IECEx.

Unidades de competência	Áreas de conhecimentos exigidas para Certificação de Competências	Unidades Ex especificas pré-requeridas	Competências do profissional
Ex 000	Conhecimentos e percepções básicas para entrar em uma instalação contendo áreas classificadas.	Nenhuma	Nenhuma
Ex 001	Aplicação dos princípios básicos de segurança em atmosferas explosivas.	Nenhuma	Competências em operação de equipamentos ou de plantas de processo ou atividades de instalação, manutenção.
Ex 002	Execução de classificação de áreas.	Nenhuma	Competências em reunir e analisar dados técnicos e utilizar esses dados para avaliação de riscos.
Ex 003	Instalação de equipamentos com tipos de proteção Ex e respectivos sistemas de fiação.	Ex 001	Competências em instalações de equipamentos elétricos, eletrônicos, instrumentação ou de comunicação de dados e sistema de fiação.
Ex 004	Manutenção de equipamentos em atmosferas explosivas.	Ex 0001	Competência em manutenção de equipamentos elétricos, eletrônicos, instrumentação, comunicação de dados e sistema de fiação para aplicação geral em baixa tensão ou extra baixa tensão.

Unidades de competência	Áreas de conhecimentos exigidas para Certificação de Competências	Unidades Ex especificas pré-requeridas	Competências do profissional
Ex 005	Reparo e revisão de equipamentos com tipos de proteção Ex.	Nenhuma	Competências em serviços de reparos e revisão de equipamentos eletroeletrônicos, para aplicação geral em baixa tensão ou extra baixa tensão.
Ex 006	Testes de equipamentos e instalações elétricas em, ou associadas a atmosferas explosivas.	Ex 001	Competências na realização de testes de instalações elétricas, eletrônicas, instrumentação ou de comunicação de dados para aplicação geral.
Ex 007	Execução de inspeções visuais e apuradas de equipamentos e instalações em, ou associadas a atmosferas explosivas.	Ex 001	Competências em inspeções de instalações elétricas de aplicação geral.
Ex 008	Execução de inspeções detalhadas de equipamentos ou instalações elétricas em, ou associadas a atmosferas explosivas.	Ex 001	Competências em inspeções de instalações elétricas de aplicação geral são uma alternativa para a unidade de competência Ex especificas da coluna 2.

Unidades de competência	Áreas de conhecimentos exigidas para Certificação de Competências	Unidades Ex especificas pré-requeridas	Competências do profissional
Ex 009	Projeto de instalações elétricas em, ou associadas a atmosferas explosivas.	Ex 001	Competências em projetos de sistemas e instalações elétricas de aplicação geral.
Ex 010	Execução de inspeções de auditoria ou de avaliação das instalações elétricas em, ou associadas a atmosferas explosivas.	Ex 002 Ex 008 Ex 009	Competências em inspeções de instalações elétricas de aplicação geral, são uma alternativa para as unidades de competências Ex especificas apresentada na coluna 2.

Fonte: Elaborado pelo autor, a partir do Documento Operacional IECEx OD504 (2014, p. 13).

14
SINALIZAÇÃO DE SEGURANÇA PARA ÁREAS CLASSIFICADAS

De acordo com postulados das normas ABNT NBR IEC 60079-14 e ABNT NBR IEC 61892-7, áreas classificadas com a probabilidade da formação de atmosferas explosivas de gás, vapor ou poeira combustível devem ser identificadas com placa de sinalização de segurança conforme apresentada na figura 19, as placas devem ser instaladas nas rotas de acesso para as áreas classificadas, bem como nas portas de acesso às casas de operação e controle, nas escadas e escotilhas. A sinalização tem a finalidade de orientar as pessoas que transitam nesses locais sobre os riscos aos quais elas estão envolvidas.

Para instalação onde toda a área for classificada, essas placas não são necessárias em toda a instalação, podendo ser fixada somente na entrada da área ou da casa de controle. De acordo com a necessidade, você pode incluir outras informações na placa, desde que seja informações relativas com a área classificada, como por exemplo, inserir os dados da classificação da área.

A Diretiva 1999/92/CE do Parlamento Europeu e do Conselho, também recomenda a identificação das áreas classificadas, conforme figura 20. A placa de sinalização deve possuir letras pretas sobre fundo amarelo com bordas preta(a cor amarela, deve cobrir pelo menos 50 % da superfície da placa). O tamanho da placa deve ser feito de tal forma que permita a rápida visualização.

Figura 19 – Placa de sinalização de segurança ABNT NBR IEC.

Fonte: ABNT NBR IEC 60079-14.

Figura 20 – Placa de sinalização conforme diretiva ATEX.

Fonte: Diretiva 1999/92/CE.

15
INSTALAÇÃO DE EQUIPAMENTOS ELÉTRICOS EM ÁREAS CLASSIFICADAS COM POEIRAS

A instalação e montagem dos equipamentos elétricos em áreas classificadas são fundamentais para garantir a segurança, dessa forma a instalação deve ser realizada de acordo com os requisitos da norma ABNT NBR IEC 60079-14. Esse processo deve ocorrer de modo que o tipo de proteção do equipamento seja preservado, para evitar que ele se transforme numa fonte de ignição, sendo assim, você deve ter os seguintes cuidados durante a instalação:

- Utilizar somente equipamentos e acessórios certificados, de acordo com os dados de classificação da área;
- Utilizar somente peças adequadas ao tipo de proteção do equipamento;
- A montagem das peças para entrada dos cabos deve garantir o grau de proteção do invólucro para evitar o ingresso de poeira e água;
- Os cabos devem ser fixados de modo que possa evitar o escorregamento e um possível centelhamento no contato com os bornes de ligação;
- Instalar o sistema de aterramento de acordo com a norma ABNT NBR IEC 60079-14;
- É recomendável que inspeções periódicas sejam realizadas, para garantir a segurança durante o ciclo de vida das instalações e dos equipamentos;

- Nas figuras 21 e 22 você pode contemplar esse tipo de instalação com equipamento Ex t, bem como maiores detalhes sobre a instalação e montagem com prensa-cabos, na seção 16.

Figura 21 – Instalação de equipamento Ex t, com prensa-cabo A2F e cabo sem proteção mecânica.

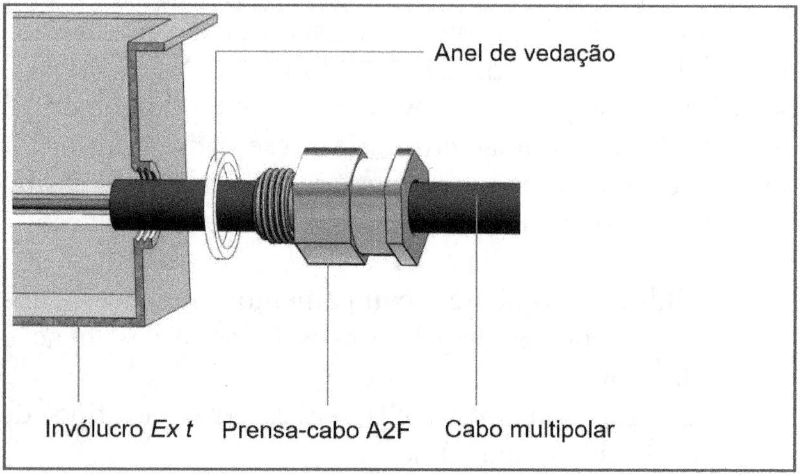

Fonte: Elaborada pelo autor.

Orientações sobre a montagem

- Exemplo de equipamentos com tipo de proteção Ex t: luminárias, caixa de junção, tomadas, botoeiras, refletores etc.;
- No caso de rosca paralela, usar anel de vedação entre o prensa-cabo e invólucro;
- O anel de vedação tem a finalidade de manter o grau de proteção do invólucro e deve ser utilizado quando a rosca for paralela;
- Deve ser evitado o uso de conexões que provoquem

a corrosão entre as peças;

- A montagem deve ser realizada com prensa-cabo adequado, para não descaracterizar o tipo de proteção do invólucro;
- O cabo deve estar devidamente fixado na bucha do prensa-cabo, para evitar o escorregamento e consequentemente o centelhamento na conexão com o borne, bem como evitar o ingresso de água;
- Recomenda-se o uso de prensa-cabo de latão niquelado ou aço inoxidável, para evitar os prejuízos decorrente da corrosão causada por outros metais, como o alumínio e aço carbono;
- As entradas roscadas não utilizadas, devem ser fechadas com bujão adequado ao tipo de proteção do invólucro;
- Os equipamentos Ex t podem ser instalados com rosca BSP, NPT, PG ou Métrica.

Figura 22 – Instalação de equipamento Ex t, com prensa-cabo A2FRC e proteção mecânica do cabo.

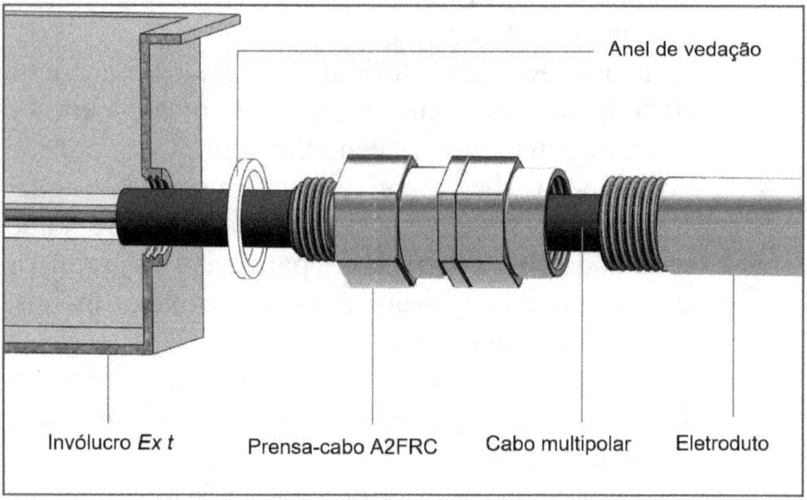

Fonte: Elaborada pelo autor.

Orientações sobre a montagem

- Exemplo de equipamentos com tipo de proteção Ex t: luminárias, caixa de junção, tomadas, botoeiras, refletores etc.;
- O eletroduto, tem por função, a proteção mecânica do cabo, dessa forma você pode usar eletroduto rígido ou flexível;
- No caso de rosca paralela, usar anel de vedação entre o prensa-cabo e invólucro;
- O anel de vedação tem a finalidade de manter o grau de proteção do invólucro e deve ser utilizado quando a rosca for paralela;
- Deve ser evitado o uso de conexões que provoquem a corrosão entre as peças;

- A montagem deve ser realizada com prensa-cabo adequado, para não descaracterizar o tipo de proteção do invólucro;
- O cabo deve estar devidamente fixado na bucha do prensa-cabo, para evitar o escorregamento e consequentemente o centelhamento na conexão com o borne, bem como evitar o ingresso de água;
- Recomenda-se o uso de prensa-cabo de latão niquelado ou aço inoxidável, para evitar os prejuízos decorrente da corrosão causada por outros metais, como o alumínio e aço carbono;
- As entradas roscadas não utilizadas, devem ser fechadas com bujão adequado ao tipo de proteção do invólucro;
- Os equipamentos Ex t podem ser instalados com rosca BSP, NPT, PG ou Métrica.

16
PRENSA-CABO Ex d – Ex e - Ex t – Ex n

Por questões técnicas e econômicas, normalmente os prensa-cabos metálicos Ex d, Ex e, Ex t, possuem as três certificações na mesma peça.

Esse produto oferece vantagens nas instalações, permitindo sua montagem e desmontagem com facilidade, podendo ser reutilizado novamente depois de uma eventual manutenção ou modificação da instalação.

Nas instalações com prensa-cabo, diversos modelos são encontrados e ofertados ao redor do mundo, nessa seção serão apresentados dois modelos muito utilizados no Brasil, a primeira opção é com prensa-cabo e cabo sem proteção mecânica; a segunda opção é utilizar prensa-cabo chamado por muitos aqui no Brasil de prensa-cabo tipo união, esse modelo permite fazer a proteção mecânica do cabo através de eletroduto rígido ou flexível.

As instalações com o uso de prensa-cabo são muito utilizadas em todo o mundo para fazer a selagem de diversos equipamentos, tais como: Luminárias, refletores, painéis elétricos, caixa de junção, botoeiras, motores elétricos, tomadas, entre outros.

Os prensa-cabos metálicos normalmente encontrados no mercado brasileiro são ofertados em: latão niquelado; latão natural; liga de alumínio e aço inoxidável AISI 304, AISI 304L, AISI 316 e AISI 316L, podendo ser considerado como melhores opções, em aço inoxidável e latão niquelado, por causa da sua resistência contra a corrosão e resistência mecânica.

16.1 Seleção e montagem de prensa-cabo

Para obter a segurança adequada dos equipamentos e das instalações, é necessário que a montagem e instalação sejam feitos de acordo com os requisitos das normas, sendo assim apresenta-se algumas etapas que devem ser consideradas na montagem de prensa-cabos, lembrando que informações adicionais devem ser consultadas na norma ABNT NBR IEC 60079-14.

- A escolha do prensa-cabo deve estar de acordo com o tipo de proteção do equipamento, exemplo: equipamento Ex t - prensa-cabo deve possuir a certificação Ex t;
- O grau de proteção deve ser igual ou maior do que o grau de proteção do invólucro, exemplo: Invólucro com grau de proteção IP65 – prensa-cabo no mínimo IP65;
- O diâmetro externo do cabo deve estar dentro da faixa de aperto da bucha do prensa-cabo, para obter a fixazção necessária;
- A instalação e montagem deve ser feita por prossional qualificado e que conheça a norma de instalação elétrica em áreas classificadas ABNT NBR IEC 60079-14, bem como os tipos de proteção;
- O prensa-cabo deve ser instalado de tal forma que somente pode ser desmontado com o uso de ferramenta apropriada;
- O assunto nao se esgota aqui, portanto sugere-se que outras informações, as nomas devem ser consultadas.

A entrada dos cabos nos equipamentos para instalação em áreas classificadas com poeiras, pode ser realizada com prensa-cabo plástico para invólucros fabricados em plásticos, da mesma forma, é recomendável que os equipamentos metálicos utilizem prensa-cabos metálicos. O prensa-cabo metálico também pode ser utilizado na entrada de cabos dos equipamentos de material plástico.

A norma ABNT NBR IEC 60079-14 (2016, P.49) apresenta as opções para seleção do prensa-cabo, bujão e adaptador de roscas de acordo com os tipos de proteção do equipamento aos quais podem ser instalados, conforme o quadro 22.

Quadro 22 - prensa-cabo, bujão e adaptador de roscas x equipamentos.

Tipo proteção				
Equipamento	Prensa-cabo / bujão / adaptador de rosca			
	Ex d	Ex e	Ex n	Ex t
Ex d	X	-	-	-
Ex e*	X	X	-	-
Ex t	-	-	-	X
Ex p	X	X	-	-
Ex n(exceto Ex nL**	X	X	X	-

Fonte: Elaborado pelo autor, de acordo com a norma ABNT NBR IEC 60079-14:2016.

- Exemplo: *equipamento Ex e, pode utilizar, prensa-cabo/bujão ou adaptador de rosca Ex d ou Ex e;

- Entradas roscadas cônicas em invólucros plásticos não são permitidas - ABNT NBR IEC 60079-14 (2016, P.50);
- **Para invólucro Ex nR, a selagem deve ser adequada para manter a respiração restrita.
- Outros detalhes, a norma deverá ser consultada.

16.2 INSTRUÇÕES DE MONTAGEM DO PRENSA-CABO, SEM PROTEÇÃO MECÂNICA DO CABO – TIPO A2F.

Figura 23. Prensa-cabo A2F.

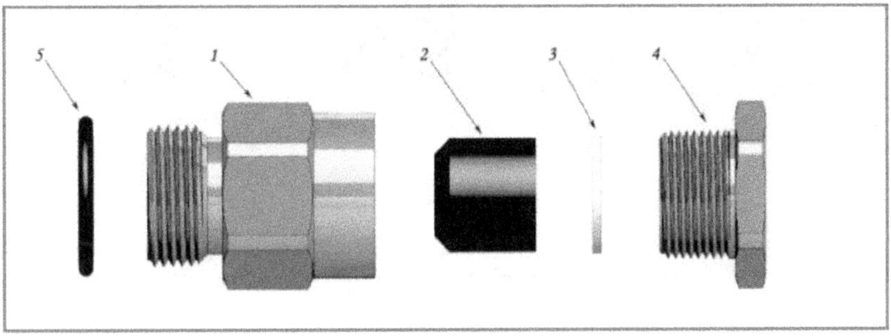

Fonte: Elaborada pelo autor.

1. Corpo;
2. Bucha de aperto do cabo (selo);
3. Anel de aperto;
4. Contra corpo;
5. Anel de vedação (quando a rosca for paralela).

Primeira etapa

Figura 24. Prensa-cabo A2F.

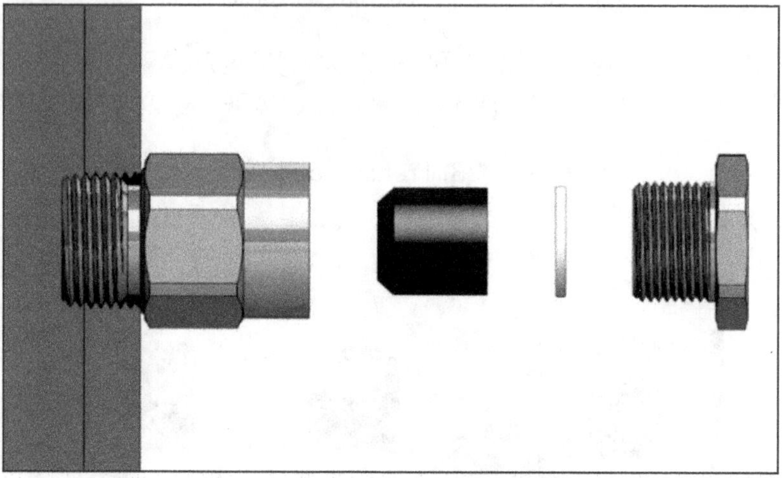

Fonte: Elaborada pelo autor.

- O prensa-cabo deve ser totalmente desmontado;
- Fixar o corpo do prensa-cabo no invólucro de acordo com o tipo de rosca, utilizando anel de vedação para rosca paralela;
- Cuidados devem ser tomados para manter o grau de proteção do invólucro;
- Roscas cônicas pode ser utilizada graxa anticorrosiva adequada.

Segunda etapa

Figura 25. Prensa-cabo A2F.

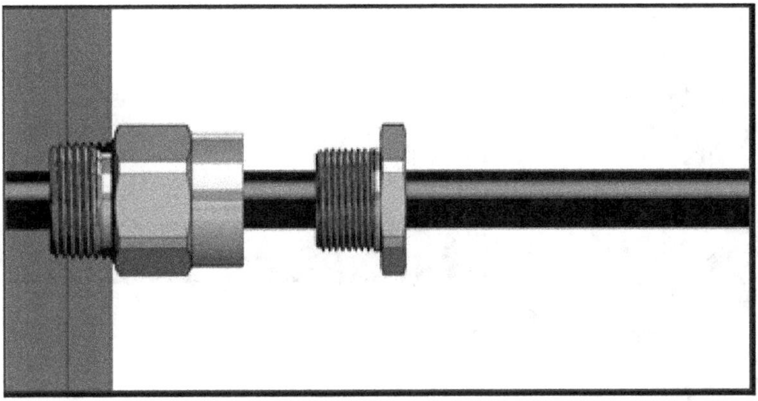

Fonte: Elaborada pelo autor

- Encaixar o cabo no prensa-cabo, verificando se o diâmetro está de acordo com a faixa de aperto da bucha;
- Deixar espaço suficiente de cabo para fazer a ligação nos bornes de ligação no interior do invólucro.

Terceira etapa

Figura 26. Prensa-cabo A2F.

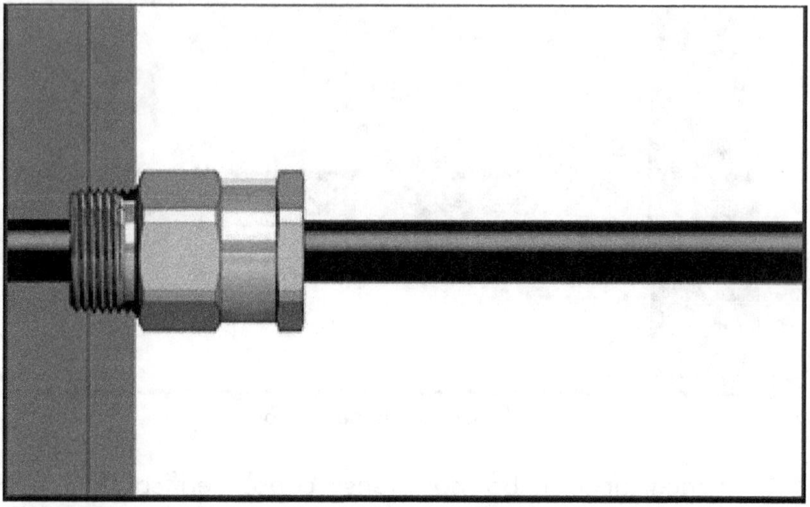

Fonte: Elaborada pelo autor.

- Fazer o aperto da bucha, através do contra corpo do prensa-cabo, de tal forma que garanta a fixação do cabo;
- A fixação da bucha deve garantir a não propagação da explosão e o não escorregamento do cabo, no caso do prensa-cabo Ex d;
- Para os demais tipos de proteção o aperto deve garantir o não escorregamento do cabo; bem como o grau de proteção.

16.3 INSTRUÇÕES DE MONTAGEM DO PRENSA-CABO UNIÃO, COM PROTEÇÃO MECÂNICA DO CABO - TIPO A2FRC

Figura 27. Prensa-cabo A2FRC

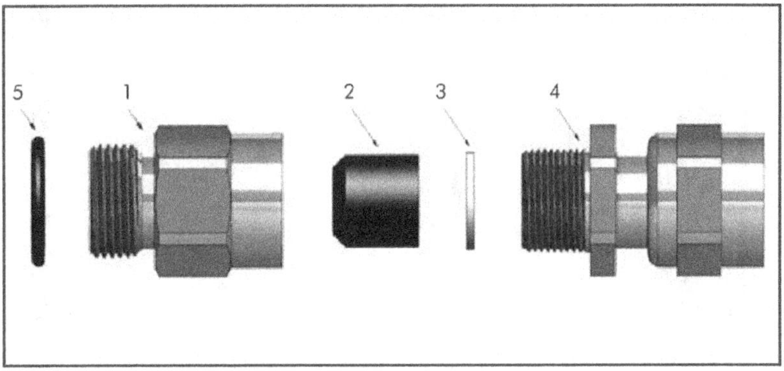

Fonte: Elaborada pelo autor.

1. Corpo;
2. Bucha de aperto do cabo (selo);
3. Anel de aperto;
4. Contra corpo;
5. Anel de vedação (quando a rosca for paralela).

Primeira etapa

Figura 28. Prensa-cabo A2FRC.

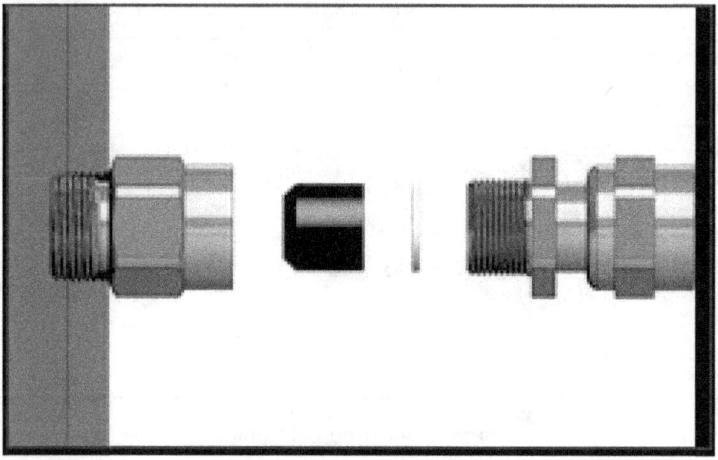

Fonte: Elaborada pelo autor.

- O prensa-cabo deve ser totalmente desmontado;
- Fixar o corpo do prensa-cabo no invólucro de acordo com o tipo de rosca, utilizando anel de vedação para rosca paralela;
- Cuidados devem ser tomados para manter o grau de proteção do invólucro;
- oscas cônicas pode ser utilizada graxa anticorrosiva adequada.

Segunda etapa

Figura 29. Prensa-cabo A2FRC.

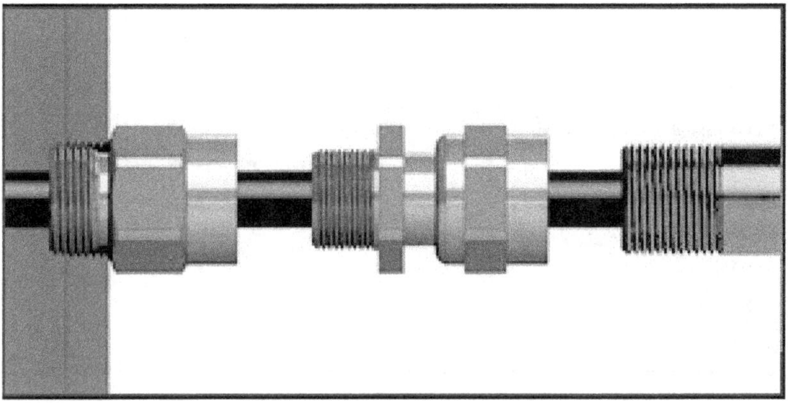

Fonte: Elaborada pelo autor.

- Encaixar o cabo no prensa-cabo, verificando se o diâmetro está de acordo com a faixa de aperto da bucha de aperto;
- Deixar espaço suficiente de cabo para fazer a ligação nos bornes de ligação no interior do invólucro.

Terceira etapa

Figura 30. Prensa-cabo A2FRC.

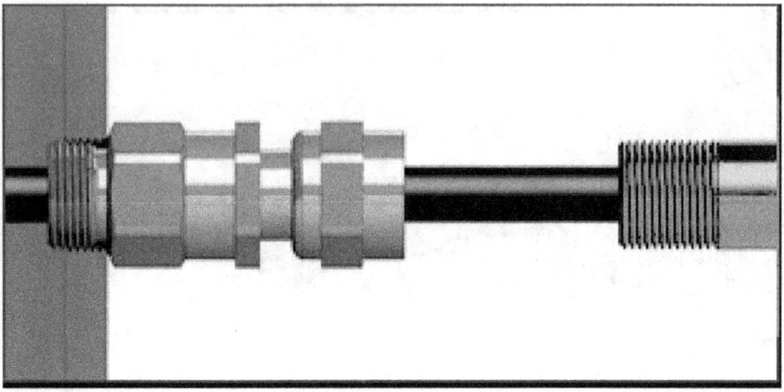

Fonte: Elaborada pelo autor.

- Fazer o aperto da bucha, através do contra corpo do prensa-cabo, de tal forma que garanta a fixação do cabo;
- A fixação da bucha deve garantir a não propagação da explosão e o não escorregamento do cabo, no caso do prensa-cabo Ex d;
- Para os demais tipos de proteção o aperto deve garantir o não escorregamento do cabo; bem como o grau de proteção.

Quarta etapa

Figura 31. Prensa-cabo A2FRC.

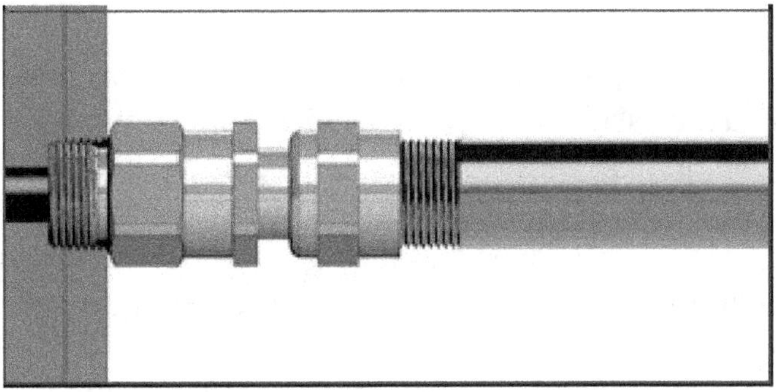

Fonte: Elaborada pelo autor.

- Encaixar o eletroduto na união de acordo com o tipo de rosca.

17
SELEÇÃO DO EQUIPAMENTO ELÉTRICO PARA USO EM ÁREAS CLASSIFICADAS

Os equipamentos elétricos utilizados ou instalados em áreas classificadas podem incendiar uma atmosfera explosiva de gás, vapor ou de poeira combustível, a ignição dessas atmosferas pode ser causada por uma faísca elétrica, energia estática, através do calor gerado pelo equipamento ou outra anormalidade que possa gerar energia suficiente para ignição da mistura explosiva.

Para garantir o nível de segurança adequado, a seleção dos equipamentos, componentes e acessórios deve ser feita com base nas informações fornecidas pelo projeto de classificação da área, conforme a norma ABNT NBR IEC 60079-10-1 para atmosfera explosiva gasosa e ABNT NBR IEC 60079-10-2 para atmosferas explosivas com poeira combustível. O referido projeto apresentara as informações que servirão de guia para a seleção dos equipamentos, componentes e acessórios, sendo assim, a seleção deles deve ser feita com base nas quatro informações apresentadas no Quadro 23. O estudo de classificação de área, normalmente fornece informações como por exemplo: o conceito das zonas, grupo de gases e poeiras, classe de temperatura e nível de proteção do equipamento (EPL). Da mesma forma, os profissionais responsáveis pela seleção dos equipamentos, componentes e acessórios devem ter conhecimento dos tipos de proteção e dos materiais e tecnologias envolvidos na fabricação deles.

Quadro 23 –Quatro requisitos necessários para a seleção dos equipamentos elétricos e eletrônicos de uso em áreas classificadas.

Classificação da área	**Dados de classificação da área**	**Descrição**
1. Classificação das zonas com poeira	Zona 20	Área com a probabilidade da formação de atmosfera explosiva com poeira combustível.
	Zona 21	
	Zona 22	
2. Classificação das zonas – gás e vapor	Zona 0	Área com a probabilidade da formação de atmosfera explosiva gasosa.
	Zona 1	
	Zona 2	
3. Grupo de gases ou grupo de poeiras que podem estar presentes na área	I	Mina de carvão – Grisu.
	IIIA	Tipos de poeiras que podem estar presente na área.
	IIIB	
	IIIC	
	IIA	Substâncias inflamáveis de gases que podem estar presentes na atmosfera.
	IIB	
	IIC	
4. Classe de temperatura de ignição da atmosfera explosiva de poeira	Marca o valor da temperatura em °C	Exemplo: T90°C
5. Classe de temperatura de ignição da atmosfera explosiva de gás e vapor	T1	>450°C
	T2	>300°C
	T3	>200°C
	T4	>135°C
	T5	>100°C
	T6	>85°C
6.Local da instalação dos equipamentos.	O ambiente da instalação deve ser considerado para evitar a deterioração do equipamento por causa da corrosão que pode ser mais acelerada em determinados locais.	

Fonte: Elaborada pelo autor

17.1 SELEÇÃO DO EQUIPAMENTO DE ACORDO COM O AMBIENTE

O local onde forem instalados ou utilizados também deve ser considerado para selecionar o equipamento mais adequado, uma vez que algumas áreas oferecem risco de corrosão e oxidação, podendo afetar severamente o funcionamento deles e colocar a área classificada em risco.

A proteção do equipamento elétrico contra os efeitos do ambiente é fundamental para o desempenho dele e das instalações, sabe-se que diversos fatores podem comprometer a segurança, o desempenho e a vida útil das instalações, sendo assim, os profissionais responsáveis devem avaliar se esses fatores afetam os equipamentos que serão instalados, os principais apontados pela norma ABNT NBR IEC 60079-14 são:

- Corrosão presente na atmosfera;
- Presença de produtos quimicos;
- Presenca de água e umidade;
- Presença de poeira;
- Impacto mecanico, vibrações, friccao ou abrasão;
- Processos de pintura;
- Temperatura muito alta ou baixa;
- Ventos;
- Condições de pressão;
- Radiação solar;
- Plantas, animais e insetos.

18
INSPEÇÃO E MANUTENÇÃO EM ÁREAS CLASSIFICADAS

A inspeção e manutenção dos equipamentos e das instalações elétricas são atividades fundamentais para manter a segurança nas áreas em que haja a presença de atmosfera explosiva, o processo de inspeção e manutenção desses locais deve ser elaborado e executado por profissionais experientes e que tenha conhecimentos sobre os princípios gerais de classificação de área, os diversos tipos de proteção e as práticas de instalação. Esse profissional deverá conhecer principalmente os requisitos da norma de inspeção ABNT NBR IEC 60079-17, as normas da empresa bem como os requisitos técnicos e legais que envolvem instalações elétricas nesses locais.

Pode-se entender que o processo de inspeção é uma das etapas mais importantes para garantir a efetiva segurança durante o ciclo de vida dos equipamentos e instalações, pois somente a inspeção poderá apontar uma eventual não conformidade, para ser corrigida através da manutenção.

18.1 INSPEÇÃO

Nessas áreas é necessária a elaboração de um plano de trabalho conforme prescritos na norma ABNT NBR IEC 60079-17. Cabe ressaltar ainda que as informações abordadas sobre o tema nessa obra é um resumo da norma, portanto a norma pertinente ao assunto deverá ser consultada para elaboração do plano de inspeção e manutenção.

Durante o processo de inspeção, uma série de

pontos deve ser verificados e os problemas encontrados, corrigidos através da manutenção, garantindo a integridade dos equipamentos e das instalações, para evitar que eles comprometam a segurança. Seis etapas estão envolvidas no processo de inspeção em áreas classificadas, conforme apresentadas na figura 32.

Figura 32. Hexaedro da inspeção em áreas classificadas.

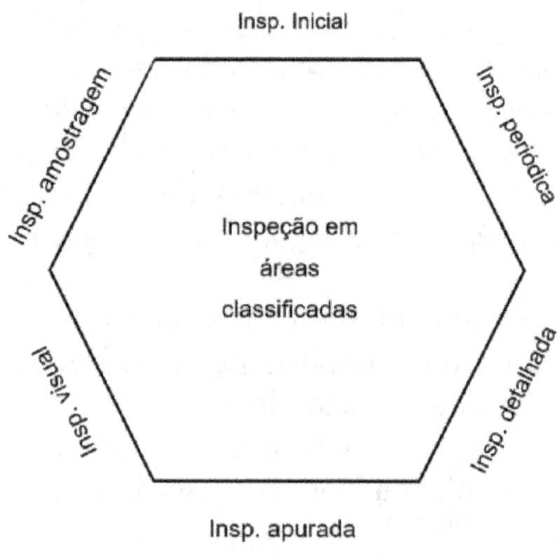

Fonte: Elaborada pelo autor

18.2 INSPEÇÃO INICIAL

Inspeção inicial é aquela feita antes da planta entrar em operação e faz parte dos procedimentos de comissionamento e partida da planta. Nesse tipo inspeção verifica se os equipamentos, componentes e os acessórios instalados estão de acordo com os dados fornecidos pelo projeto de classificação da área, bem como se a instalação elétrica e a montagem estão feitas de modo a oferecer segurança. Nesse tipo de inspeção a norma de instalações elétricas em áreas classificadas ABNT NBR IEC 60079-14 deve ser consultada, para verificar se a instalação elétrica e a montagem dos equipamentos estão de acordo com os requisitos da norma.

18.3 INSPEÇÃO PERIÓDICA

As inspeções periódicas são necessárias para manter a segurança e integridade dos equipamentos e das instalações, elas podem ser visuais, apuradas ou detalhadas conforme o tipo de proteção do equipamento. A norma recomenda que o intervalo entre as inspeções periódicas não deve exceder um período de três anos sem que tenha o parecer de um especialista.

Os equipamentos manuais e portáteis são mais sensíveis a danos, dessa forma o intervalo entre inspeções periódicas deve ser reduzido, a norma recomenda que todo equipamento portátil deva ser submetido a uma inspeção apurada pelo menos a cada período de doze meses e os invólucros que forem abertos com frequência devem ser submetidos a uma inspeção detalhada pelo menos a cada seis meses.

18.4 GRAU DE INSPEÇÃO

As inspeções em áreas classificadas são divididas em três níveis:

- Visual (V);
- Apurada (A);
- Detalhada (D).

18.5 INSPEÇÃO VISUAL

Esse tipo de inspeção identifica os defeitos que são evidentes visualmente sem a utilização de ferramentas ou outro equipamento de acesso, como por exemplo, a falta de parafusos.

18.6 INSPEÇÃO APURADA

Esse tipo de inspeção inclui os aspectos realizados na inspeção visual, acrescentando os defeitos com parafusos soltos, que somente será detectado com a utilização de ferramenta de acesso. Nesse tipo de inspeção normalmente não há necessidade de que os equipamentos sejam abertos ou desenergizados.

18.7 INSPEÇÃO DETALHADA

Esse tipo de inspeção inclui os aspectos verificados na inspeção apurada, incluindo outros defeitos como, por exemplo; terminais frouxos que somente podem ser verificados com a abertura do equipamento. Nesse tipo de inspeção pode ser necessária a utilização de ferramentas e equipamentos de ensaio, o quadro 24 apresenta um resumo das atividades de inspeção.

18.8 INSPEÇÃO POR AMOSTRAGEM

Inspeção de uma parte representativa dos equipamentos, sistemas e instalações elétricas.

Quadro 24 – Atividades de inspeção.

Tipo de inspeção	Atividade	*Tempo
Inicial	É aquela feita antes da planta entrar em operação.	Inicial
Periódica	As inspeções periódicas são necessárias para manter a segurança e integridade dos equipamentos e das instalações, elas são divididas em: visuais, apuradas e detalhadas.	Máximo 3 anos
Visual	Identifica defeitos que são evidentes visualmente, sem a utilização de ferramentas, como por exemplo, a falta de parafusos.	-
Apurada	Inclui os aspectos realizados na inspeção visual, acrescentando os defeitos como parafusos soltos, que somente será detectado com a utilização de ferramenta de acesso.	-
Detalhada	Esse tipo de inspeção inclui os aspectos verificados na inspeção apurada, incluindo outros defeitos como, por exemplo; terminais frouxos que somente podem ser verificados com a abertura do equipamento.	-
Amostragem	Inspeção de uma parte representativa dos equipamentos, sistemas e instalações elétricas.	-

Fonte: Elaborado pelo autor.

*O tempo para a realização das inspeções periódicas, deve ser estabelecido de acordo com a exposição em que o os equipamentos e instalações estão submetidos, como por exemplo, equipamentos expostos ao contato com produtos químicos, chuva e sol, devem ser inspecionados em menor tempo do que aqueles que não estão expostos a essas condições. Por outro lado, a norma aponta que o tempo para realizar as inspeções periódicas não deve ultrapassar um período de três anos.

A norma ABNT NBR IEC 60079-17 apresenta um fluxograma que pode ser utilizado para determinar o tipo de inspeção e o tempo necessário para realizar inspeções periódicas conforme apresentado na Figura 33.

Figura 33 - Procedimento típico para inspeções periódicas.

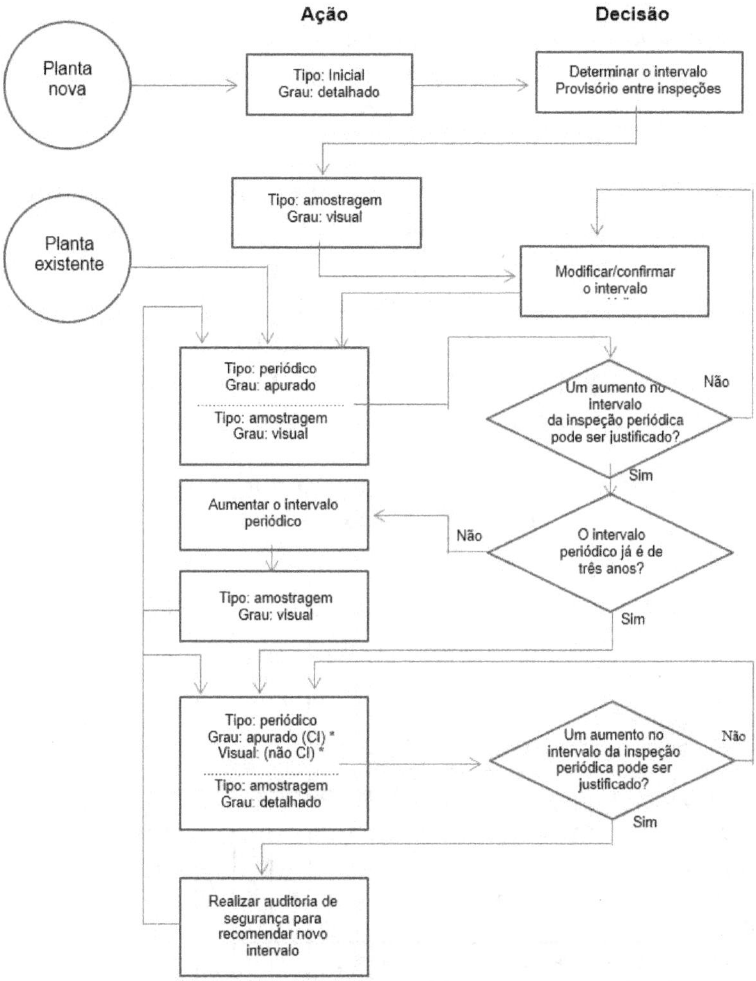

Fonte: ABNT NBR IEC 60079-17 (2014, p. 29).

*CI – Equipamento capaz de provocar ignição em condições normais de operação, ou seja, onde componentes internos do equipamento produzem, em condições normais de operação, arcos, centelhas ou temperatura de superfície capaz de causar ignição. Outros detalhes sobre inspeção, a norma deve ser consultada.

A norma ABNT NBR IEC 60079-17 estabelece os critérios para realizar inspeção e manutenção em áreas classificadas, sendo assim as inspeções devem ser realizadas tanto nos equipamentos quanto nas instalações. No Quadro 25 estão apresentados os tipos de inspeção que deve ser realizada nas instalações elétricas e nos equipamentos para os tipos de proteção à prova de explosão (Ex d), segurança aumentada (Ex e), não acendível (Ex n), Proteção por invólucro (Ex t) e o tipo de proteção (Ex tD). Vale ressaltar que a inspeção e manutenção dos equipamentos e das instalações elétricas em áreas classificadas são tão importantes quanto a seleção e a instalação adequada deles, pois a falta de manutenção pode comprometer a segurança.

Quadro 25 – Programa de inspeção para instalações Ex d – Ex e – Ex n – Ex t – Ex tD.

Legenda		Tipos de proteção								
(X) Grau de inspeção a ser realizada (D) Inspeção detalhada (A) Inspeção apurada (V) Inspeção visual (n) Inspecionar somente tipo de proteção Ex n (t) Inspecionar somente tipo de proteção Ex t (tD) Inspecionar somente tipo de proteção Ex tD		Ex d			Ex e			Ex n Ex t Ex tD		
		Grau de inspeção								
Relação dos itens que deverão ser inspecionados. A - Geral (Todos os equipamentos). Verificar se:		D	A	V	D	A	V	D	A	V
O equipamento atende os requisitos de EPL e zona do local de sua instalação.	1	X	X	X	X	X	X	X	X	X
O grupo do equipamento está correto.	2	X	X		X	X		n	n	
A classe de temperatura do equipamento está correta: para gás.	3	X	X		X	X		n	n	
A temperatura máxima de superfície do equipamento está correta.	4							t	t	

Legenda		Tipos de proteção								
(X) Grau de inspeção a ser realizada (D) Inspeção detalhada (A) Inspeção apurada (V) Inspeção visual (n) Inspecionar somente tipo de proteção Ex n (t) Inspecionar somente tipo de proteção Ex t (tD) Inspecionar somente tipo de proteção Ex tD.		Ex d			Ex e			Ex n Ex t Ex tD		
		Grau de inspeção								
Relação dos itens que deverão ser inspecionados. A - Geral (Todos os equipamentos). Verificar se:		D	A	V	D	A	V	D	A	V
O grau de proteção do equipamento é apropriado para o nível de proteção/ grupo/condutividade.	5	X	X	X	X	X	X	X	X	X
A identificação do circuito está correta.	6	X			X			X		
A identificação do circuito do equipamento está disponível.	7	X	X	X	X	X	X	X	X	X
O invólucro, as partes de vidro e vedação e/ou composto de selagem vidro/metal estão satisfatórios.	8	X	X	X	X	X	X	X	X	X
Não existem danos ou modificações não autorizadas.	9	X			X			X		
Não existe evidências de modificações não autorizadas.	10		X	X		X	X		X	X
Os parafusos, dispositivos de entrada de cabos (direta e indireta) e bujões de selagem são do tipo correto e estão completamente apertados.	11									
• Verificação física		X	X		x	x		x	X	
• Verificação visual				X			x			
As tampas roscadas dos invólucros são do tipo correto, estão apertadas e fixadas.	12									
• Verificação física		X	X							
• Verificação visual				X						
As faces dos flanges estão limpas e não danificadas e as vedações, se existentes, estão satisfatórias.	13	X								
A condição das juntas de vedação do invólucro está satisfatória.	14	X			X			X		

Legenda		Tipos de proteção								
(X) Grau de inspeção a ser realizada (D) Inspeção detalhada (A) Inspeção apurada (V) Inspeção visual (n) Inspecionar somente tipo de proteção Ex n (t) Inspecionar somente tipo de proteção Ex t (tD) Inspecionar somente tipo de proteção Ex tD.		Ex d			Ex e			Ex n Ex t Ex tD		
		Grau de inspeção								
A condição das juntas de vedação do invólucro está satisfatória.	14	X			X			X		
Não existe evidência de ingresso de água ou poeira no invólucro, de acordo com o grau de proteção IP.	15	X			X			X		
As dimensões dos interstícios das juntas flangeada estão:										
Dentro dos limites, de acordo com a documentação do fabricante ou										
Dentro dos valores máximos permitidos pela norma aplicável de fabricação, na época da instalação ou										
Dentro dos valores máximos permitidos pelo prontuário das instalações.	16	X								
As conexões elétricas estão apertadas.	17				X			X		
Terminais não utilizados estão apertados.	18				X			n		
Dispositivo de manobra encapsulados e dispositivos selados hermeticamente não estão danificados.	19							n		
Componentes encapsulados não estão danificados.	20				X			n		
Componentes a prova de explosão não estão danificados.	21				X			n		
Invólucros de respiração restrita estão satisfatórios: somente tipo de proteção nR.	22							N		
Conexão de ensaio, se instalada, esta funcional: somente tipo de proteção nR.	23							N		
Operação de respiro está satisfatória: somente tipo de proteção nR.	24	X			X			N		
Dispositivos de respiro e de drenagem estão satisfatórios.	25	X	X		X	X		n	N	

Legenda		Tipos de proteção								
(X) Grau de inspeção a ser realizada (D) Inspeção detalhada (A) Inspeção apurada (V) Inspeção visual (n) Inspecionar somente tipo de proteção Ex n (t) Inspecionar somente tipo de proteção Ex t (tD) Inspecionar somente tipo de proteção Ex tD.		Ex d			Ex e			Ex n Ex t Ex tD		
		Grau de inspeção								
Equipamentos específicos: Luminárias.										
Lâmpadas fluorescentes não estão apresentando os efeitos de EOL.	26				X	X	X	X	X	X
Lâmpadas de descarga não estão apresentando os efeitos de EOL.	27	X	X	X	X	X	X	X	X	X
Tipos, características, pinos, configuração e posição da lâmpada estão corretos.	28	X			X			X		
Equipamentos específicos: Motores.										
Lâmpadas fluorescentes não estão apresentando os efeitos de EOL.	26				X	X	X	X	X	X
Lâmpadas de descarga não estão apresentando os efeitos de EOL.	27	X	X	X	X	X	X	X	X	X
Tipos, características, pinos, configuração e posição da lâmpada estão corretos.	28	X			X			X		
Ventilador do motor possui distancias de afastamento adequado para o invólucro e/ ou tampas, sistemas de resfriamento não estão danificados, fundações do motor não possuem indícios de trinca.	29	X	X	X	X	X	X	X	X	X
A circulação de ar de ventilação não está impedida.	30	X	X	X	X	X	X	X	X	X
A resistência de isolação (RI) dos enrolamentos do motor está satisfatória.	31	X			X			X		
B – Instalação: Requisitos gerais.										
O tipo de cabo está apropriado.	1	X			X			X		
Não existem danos evidentes nos cabos.	2	X	X	X	X	X	X	X	X	X
A selagem de feixes, dutos, tubos e/ou eletrodutos está satisfatória.	3	X	X	X	X	X	X	X	X	X
As unidades seladoras e caixa de cabos estão corretamente preenchidas.	4	X								

Legenda		Tipos de proteção								
(X) Grau de inspeção a ser realizada (D) Inspeção detalhada (A) Inspeção apurada (V) Inspeção visual (n) Inspecionar somente tipo de proteção Ex n (t) Inspecionar somente tipo de proteção Ex t (tD) Inspecionar somente tipo de proteção Ex tD.		Ex d			Ex e			Ex n Ex t Ex tD		
		Grau de inspeção								
A integridade do sistema de eletrodutos e as interfaces com os sistemas mistos estão mantidas.	5	X			X			X		
As conexões de aterramento, incluindo quaisquer conexões de aterramento suplementares, estão satisfatórias (por exemplo, as conexões apertadas e os condutores são de seção nominal transversal suficiente).	6									
• Verificação física		X			X			X		
• Verificação visual			X	X		X	X		X	X
A impedância da malha de falta (em sistemas TN) ou resistência de aterramento (sistema IT) está satisfatória.	7	X			X			X		
Os dispositivos automáticos de proteção elétrica operam dentro dos limites permitidos.	8	X			X			X		
Os dispositivos de proteção elétrica automáticos estão calibrados corretamente (sem possibilidade de rearme automático).	9	X			X			X		
As condições específicas de utilização segura (se aplicáveis) estão atendidas.	10	X			X			X		
Os cabos que não estão sendo utilizados estão corretamente terminados.	11	X			X			X		
As obstruções adjacentes às juntas flangeada à prova de explosão estão de acordo com a ABNT NBR IEC 60070-14.	12	X	X	X						
A instalação de conversores com tensão/ frequência. Variável está de acordo com a documentação.	13	X	X		X	X		X	X	

Legenda		**Tipos de proteção**								
(X) Grau de inspeção a ser realizada (D) Inspeção detalhada (A) Inspeção apurada (V) Inspeção visual (n) Inspecionar somente tipo de proteção Ex n (t) Inspecionar somente tipo de proteção Ex t (tD) Inspecionar somente tipo de proteção Ex tD.		Ex d			Ex e			Ex n Ex t Ex tD		
		Grau de inspeção								
Instalação – Sistemas de aquecimento.										
Os sensores de temperatura estão funcionando de acordo com a documentação do fabricante.	14	X			X			t		
Os dispositivos de desligamento de segurança funcionam de acordo com os documentos do fabricante.	15	X			X			t		
O ajuste do dispositivo de desligamento de segurança está travado.	16	X	X		X	X				
O rearme do dispositivo de desligamento de segurança de um sistema de aquecimento é possível somente por meio de uma ferramenta.	17	X	X		X	X				
O rearme automático não é possível.	18	X	X		X	X				
O rearme de um dispositivo de desligamento de segurança sob condições de falta é evitado.	19	X			X					
O dispositivo de desligamento de segurança é independente do sistema de controle.	20	X			X					
A chave de nível está instalada e corretamente ajustada, se requerido.	21	X			X					
A chave de fluxo está instalada e corretamente ajustada, se requerido.	22	X			X					

Legenda		Tipos de proteção								
(X) Grau de inspeção a ser realizada (D) Inspeção detalhada (A) Inspeção apurada (V) Inspeção visual (n) Inspecionar somente tipo de proteção Ex n (t) Inspecionar somente tipo de proteção Ex t (tD) Inspecionar somente tipo de proteção Ex tD.		Ex d			Ex e			Ex n Ex t Ex tD		
		Grau de inspeção								
Instalação de motores.										
Os dispositivos de proteção operam dentro dos limites permitidos de tE ou tA.	23				X					
C – Meio ambiente.										
O equipamento está adequadamente protegido contra corrosão, intempéries, vibração e outros fatores adversos.	1	X	X	X	X	X	X	X	X	X
Não existe acúmulo indevido de poeira ou sujeira.	2	X	X	X	X	X	X	X	X	X
O isolamento elétrico está limpo e seco.	3				X			X		

• Fonte: Elaborado pelo autor, a partir da norma ABNT NBR IEC 60079-17 (versão corrigida 2017, p. 22-25).

• Maiores detalhes e outros tipos de proteção, a norma deve ser consultada.

18.9 MANUTENÇÃO

A manutenção dos equipamentos e das instalações elétricas em áreas classificadas são requisitos fundamentais para manter o nível de segurança adequada, os equipamentos elétricos para uso em áreas classificadas são fabricados e instalados de acordo com as normas para que não se tornem fontes de ignição. Por outro lado, esses mesmos equipamentos podem sofrer avarias ao longo do tempo podendo comprometer a segurança, sendo assim os profissionais responsáveis devem elaborar um plano de inspeção e manutenção que seja adequado à sua planta durante a vida útil do equipamento e das instalações.

18.10 CONDIÇÕES DO AMBIENTE

Os equipamentos elétricos podem ser severamente afetados pelas condições do ambiente em que são instalados ou utilizados, sendo assim precauções adicionais devem ser tomadas quando eles forem utilizados em áreas sujeitas à corrosão, exposição à radiação ultravioleta, agentes químicos ou solventes, bem como locais sujeitos a acúmulo de poeiras ou sujeiras. Equipamentos expostos às altas temperaturas e risco de danos mecânicos, exposição a vibrações indevidas, bem como instalados em ambientes com a probabilidade de ingresso de água também devem ter cuidados adicionais.

18.11 QUALIFICAÇÃO DE PESSOAL

A inspeção e manutenção em áreas classificadas deveram ser realizadas somente por profissional qualificado e experiente, que tenha conhecimento sobre os princípios gerais de classificação de áreas, os tipos de proteção e conhecimentos sobre instalações elétricas. Por outro lado, o pessoal técnico responsável deve ser submetido a treinamentos regulares ou educação continuada. Os requisitos internacionais para competências pessoais podem ser encontrados nos documentos OD502, OD503, OD504 e OD506 no website do IECE: < https://www.iecex.com/publications/operational-od/ >.

19
EXERCÍCIOS PRÁTICOS

Os ecxercícios relacionados, tem como objetivo consolidar os conhecimentos compartilhados nesta obra.

1. Você recebe um equipamento para ser instalado numa área classificada e antes de proceder com a instalaçao, é necessario saber se o equipamento pode ser instalado na sua planta, para fazer essa verificaçao, você consulta o projeto de classificaçao da área que apresenta as seguintes informaçoes: Z21 IIIB T200ºC Db IP65. O equipamento recebido apresenta a seguinte marcação: Ex tb IIIC T85ºC Db IP66, pergunta:

A) O equipamento descrito é adequado para ser instalado nessa área? Justifique sua resposta.

B) qual a temperatura de ignição da atmosfera explosiva, desse local?

C) Um equipamento que apresente a marcação Ex db IIC T3 Gb IP66 pode ser instalado nesse local? Justifique sua resposta.

D) Um equipamento que apresente a marcação Ex tb IIIC T300°c Db IP66 pode ser instalado nesse local? Justifique sua resposta.

E) Relacione 5 tipos de poeiras pertencentes ao grupo IIIB.

2. Você faz parte da erquipe de certificação de produtos de um importante fabricante de luminária e deve apresentar a marcação de conformidade da luminária, que possue as seguintes caracteristicas:

- Luminária linear de Led para iluminação de áreas classificadas com Led tipo SMD, fluxo luminoso de 17.400 lumens, com 120 W de potência e alimentação bi-volt em 110/270 Vac;
- A luminaria foi ensaiada e aprovada com tipo de proteção Ex e - Ex t;
- A luminária foi ensaiada e aprovada para zona 1 e 21;
- Foi ensaiada para grupo de gases IIC e poeira IIIC;
- Apresenta clsse de temperatura T6;
- Apresentou temperatura máxima de superficie de 85ºC;
- Possui nivel de proteção elevbado para gás e poeira combustivel;
- Ela é totalmente protegida contra o ingresso de poeira e protegida contra jatos potentes de água.

A) Apresente a marcação de conformidade de acordo com as normas brasileira ABNT NBR IEC, ATEX, IECEx e NEC, para gás e poeira combustível.

3. Explique de que forma acontece as explosões primárias e secundárias em uma planta contendo atmosfera explosiva formada por grãos?

4.Definir o conceito de explosão.

5. Explique por que o processo de inspeção é tão importante em áreas classificadas.

Respostas do exercício 1

A. o equipamento com a marcação Ex tb IIIC T85ºC Db IP66, é adequado para a classificação da área indicada, porque:

- Ex - indica que o equipamento é para uso em área classificada;
- tb - equipamento com tipo de proteção para atmosfera explosiva com poeira;
- IIIC - o equipamento foi projetado para ser instalado em área contendo poeira combustível metálica;
- a marcação T85ºC, significa que em condições críticas de funcionamento, o equipamento poderá desenvolver temperatura de superfície máxima de 85ºC. Essa informação é muito importante, ela deve ser comparada com a temperatura de ignição da atmosfera explosiva, a temperatura do equipamento jamais deve ser maior do que a temperatura de ignição da atmosfera explosiva, para evitar que se torne uma fonte de ignição por calor;
- Db - D (significa que o equipamento é indicado para uso em atmosfera explosiva com poeira. b(o equipamento possui nível de proteção alto, adequado para uso em zona 21;
- IP66 - o equipamento é totalmente protegido contra o ingresso de poeira e protegido contra jatos potentes de água.

B. a temperatura de ignição da atmosfera explosiva está indicada nos dados de classificação da área, nesse caso ela é de 200ºC, significa que o contato da poeira com qualquer superfície aquecida acima de 200ºC, certamente haverá a explosão da atmosfera, portando superfícies quentes dos equipamentos instalado nessas areas são fontes de ignição que devem ser gerenciadas, outro aspecto que pode ser mencionado, é que existe uma relação direta entre a temperatura de ignição da área e, a temperatura de superfície do equipamento. Maiores detalhes podem ser contemplados no quadro 18, página 83.

C. equipamento com a marcação Ex db IIC T3 Gb IP66, não é adequado para ser instalado na área classificada mencionada no exercício 1, pois esse equipamento não possui marcação para atmosfera explosiva com poeira.

D. equipamento com a marcação Ex tb IIIC T300ºC Db 166, não é adequado para ser instalado na área mencionada no exercício 1, apesar de ele ser um equipamento para poeira, poderá se tornar fonte de ignição por calor, uma vez que ele pode desenvolver temperatura na superfície de 300ºC, bem acima da temperatura de ignição da área que é de 200ºC. Essa informação é muito relevante no momento de selecionar os equipamentos.

E. você pode contemplar e compreender essa resposta no quadro 1, na página 27.

Respostas do exercício 2

- Marcação ABNT NBR IEC
  Ex eb IIC T6 Gb IP66
  Ex tb IIIC T85ºC Db IP66
- Marcação IECEx
  Ex eb IIC T6 Gb
  Ex tb IIIC T85ºC Db
- Marcação ATEX
  CE 0123 Ex II 2 G Ex eb IIC T6 Gb
  CE 0123 Ex II 2 D Ex tb IIIC T85ºC Db
- Marcação NEC
  AEx eb IIC T6 Gb
  AEx tb IIIC T85ºC Db

Resposta do exercício 3

A explosão primária ocorre quando a poeira está em forma de camadas sobre os equipamentos que produzem calor, em locais como salas, dutos, silos, ciclone, filtros, calhas, esteiras transportadoras e outros. A explosão iniciada na camada, levanta a poeira que se mistura na atmosfera formando nuvens provocando as explosões secundarias.

Resposta do exercício 4

Explosão, é um processo no qual, acontece uma reação química repentina de materiais combustíveis, na presença do oxigênio e da fonte de ignição, ela é acompanhada pela liberação de energia e aumento de volume, combinada com alta temperatura, produção de gases e forte estrondo.

Resposta do exercício 5

O processo de inspeção em áreas classificada, deve ser realizado com base na norma ABNT NBR IEC 60079-17, ele vai definir os requisitos de segurança nas áreas classificadas durante todo o ciclo de vida dos equipamentos e das instalações, esse processo é importante na segurança dos trabalhadores, porque através da inspeção, você pode encontrar uma eventual não conformidade e fazer a correção necessária, através da manutenção ou substituição do equipamento e instalação. A referida norma adverte que o intervalo de tempo entre as inspeções periódicas não deve ser maior do que três anos.

REFERÊNCIAS

ABNT. Associação Brasileira de Normas Técnicas. NBR 15662: Sistema de prevenção e proteção contra explosão – gerenciamento de riscos de explosões. Rio de Janeiro: ABNT, 2009.

ABNT. Associação Brasileira de Normas Técnicas. NBR 16385: Sistema de prevenção e proteção contra explosão – fabricação, processamento e manuseio de partículas sólidas combustíveis – requisitos. Rio de Janeiro: ABNT, 2015.

ABNT. Associação Brasileira de Normas Técnicas. NBR IEC 60050-426. Vocabulário eletrotécnico internacional. Parte 426: Atmosferas explosivas. Rio de Janeiro: ABNT, 2022.

ABNT. Associação Brasileira de Normas Técnicas. NBR IEC 60079-0. Atmosferas explosivas. Parte 0: equipamentos - requisitos gerais. Rio de Janeiro, 2020.

ABNT. Associação Brasileira de Normas Técnicas. NBR IEC 60079-1. Atmosferas explosivas. Parte 1: Equipamentos elétricos para atmosferas explosivas – tipo de proteção "d": especificação'. Rio de Janeiro: ABNT, 2009.

ABNT. Associação Brasileira de Normas Técnicas. NBR IEC 60079-10-2: Atmosferas explosivas. Parte 10-2: Classificação de áreas – Atmosferas de poeiras combustíveis. Rio de Janeiro: ABNT, 2016.

ABNT. Associação Brasileira de Normas Técnicas. NBR IEC 60079-14. Atmosferas explosivas. Parte 14: Projeto, seleção e montagem de instalações elétricas. Rio de Janeiro: ABNT, 2009.

ABNT. Associação Brasileira de Normas Técnicas. NBR IEC 60079-15. Atmosferas explosivas. Parte 15: Proteção de equipamentos por tipo de proteção "n". Rio de Janeiro: ABNT, 2012.

ABNT. Associação Brasileira de Normas Técnicas. NBR IEC 60079-17. Atmosferas explosivas. Parte 17: Inspeção e manutenção de instalações elétricas. Rio de Janeiro: ABNT, 2017. Versão corrigida.

.

ABNT. Associação Brasileira de Normas Técnicas. NBR IEC 60079-19. Atmosferas explosivas. Parte 19: Reparo, revisão e recuperação de equipamentos. Rio de Janeiro: ABNT, 2012.

ABNT. Associação Brasileira de Normas Técnicas. NBR IEC 60079-28: Atmosferas explosivas. Parte 28: Proteção de equipamentos e de sistemas de transmissão que utilizam radiação óptica. Rio de Janeiro, 2016.

ABNT. Associação Brasileira de Normas Técnicas. NBR IEC 60079-31: Atmosferas explosivas. Parte 31: Proteção de equipamentos contra ignição de poeira por invólucros. Rio de Janeiro, 2014.

ABNT. Associação Brasileira de Normas Técnicas. NBR IEC 60079-33: Atmosferas explosivas. Parte 33: Proteção de equipamentos por proteção especial" s". Rio de Janeiro, 2015.

ABNT. Associação Brasileira de Normas Técnicas. NBR IEC 60079-7: Atmosferas explosivas. Parte 7: proteção de equipamentos por segurança aumentada "e". Rio de Janeiro, 2018.

ABNT. Associação Brasileira de Normas Técnicas. NBR IEC 60529: Graus de proteção providos por invólucros: códigos IP. Rio de Janeiro, 2017.

ABNT. Associação Brasileira de Normas Técnicas. NBR IEC 62444: Prensa-cabos para instalações elétricas. Rio de Janeiro, 2015.

ABNT. Associação Brasileira de Normas Técnicas. NBR ISO 80079-36: Atmosferas explosivas. Parte 36: Equipamentos não elétricos para atmosferas explosivas – Métodos e requisitos básicos. Rio de Janeiro, 2018.

ABNT. Associação Brasileira de Normas Técnicas. NBR ISO 80079-37: Atmosferas explosivas. Parte 37: Equipamentos não elétricos para atmosferas explosivas – Métodos e requisitos básicos. Rio de Janeiro, 2018.

ABNT. Associação Brasileira de Normas Técnicas. NBR ISO IEC 80079-20-1: Atmosferas explosivas. Parte 20-1: características de substâncias para classificação de gases e vapores – Métodos de ensaios e dados. Rio de Janeiro, 2020.

ABNT. Associação Brasileira de Normas Técnicas.. NBR 5410: Instalações elétricas de baixa tensão. Rio de Janeiro, 2008.

BOTTRILL, G.; CHEYNE, D.; VIJAYARAGHAVAN, G. Electrical equipment and installations in hazardous areas. Burlington-MA: Elsevier, 2005.

BUREAU VERITAS PORTUGAL. Diretiva ATEX. Disponível em: < https://www.bureauveritas.pt/atex>. Acesso em: 30 julho. 2022.

CARDOSO, D. M. M. Qualidade e segurança em atmosferas potencialmente explosivas na ETAR. 2013. Relatório de Projeto (Mestrado em Engenharia e Gestão Industrial) – Universidade de Aveiro. Disponível em: < https://ria.ua.pt/bitstream/10773/11444/1/Disserta%C3%A7%C3%A3o.pdf>. Acesso em: 30 julho 2022.

CMLBV Certification management. Disponível em: < https://www.cmlex.com/atex-certification/. >Acesso em: 10 maio 2022.

DIRECTIVA 1999/92/CE DO PARLAMENTO EUROPEU E DO CONSELHO de 16 de dezembro de 1999 relativa às prescrições mínimas destinadas a promover a melhoria na proteção da segurança e da saúde dos trabalhadores susceptíveis de serem expostos a riscos derivados de atmosferas explosivas (15° directiva especial, na acepção do número 1do artigo 16° da directiva 89/391/CEE).

DIRETIVA 2014/34/UE DO PARLAMENTO EUROPEU E DO CONSELHO de 26 de fevereiro de 2014 relativa à harmonização da legislação dos Estados-Membros relativa a aparelhos e sistemas de proteção destinados a ser utilizados em atmosferas potencialmente explosivas.

ELETRICAL GROUP APPLETON. NEC 2002 Code Review: Guide for use of electrical products in hazardous locations. Illinois, 2002.

Esquema IECEx para a certificação de empresas de serviços. Disponível em:<https://www.iec.ch/basecamp/iecex-certified-service-facilities-scheme>. Acesso em: 30 julho 2022.

Esquema IECEx para certificação de competências pessoais. Disponível em:< https://www.iec.ch/basecamp/iecex-scheme-certification-personnel-competence>. Acesso em: 28 julho 2022.

EUROPEAN STANDARD. EN 1127-1: Explosive atmospheres – Explosion prevention and protection – Part 1: Basic concepts and methodology. Jul. 2011.

Ex Veritas. Disponível em <https://www.exveritas.com/. >Acesso em 10 maio 2022.

FRAUCHES-SANTOS, C.; ALBUQUERQUE, M. A.; OLIVEIRA, M. C. C.; ECHEVARRIA. A Corrosão e os Agentes Anticorrosivos. Artigo apresentado a revista virtual de química, 2013. Disponível em: <http://rvq-sub.sbq.org.br/index.php/rvq/article/view/490>. Acesso em: 14 julho 2022.

GENTIL, V.; CARVALHO, J.L, de. Corrosão. 7° edição. Rio de janeiro, RJ. LTC 2022.

IEC – International Electrotechnical Commission.

Disponível em: <http://www.iec.ch/>. Acesso em: 29 julho. 2022.

IEC INTERNATIONAL ELECTROTECHNICAL COMISSION Disponível em: < https://iec.ch/global/search?keyword=iecex#gsc.tab=0&gsc.q=iecex>. Acesso em 03 abril 2022.

National Electrical Code Review. A Guide for the Use of Appleton Products in Hazardous Locations. 2017.

NFPA 652. Standard on the Fundamentals of Combustible Dust. NFPA and National Fire Protection Association, Quincy, Massachussetts 02169. 2019.

NFPA 654. Standard for the Prevention of Fire and Dust Explosions from the Manufacturing, Processing, and Handling of Combustible Particulate Solids. NFPA and National Fire Protection Association, Quincy, Massachussetts 02169. 2020.

NFPA499. Recommended Practice for the Classification of Combustible Dust and of Hazardous (Classified) Locations for Electrical Installations in Chemical Process Areas. NFPA and National Fire Protection Association, Quincy, Massachussetts 02160. 2017.

PANNONI. F. D. Fundamentos da corrosão. Disponível em: < https://docplayer.com.br/15411556-Fundamentos-da-corrosao.html >. Acesso em 30 julho 2022.

Pepperl + Fuchs Brasil. Disponível em: <https://www.pepperl-fuchs.com/brazil/pt/classid_2774.htm>. Acesso em 11 maio 2022.

INSTITUTO NACIONAL DE METROLOGIA, QUALIDADE E TECNOLOGIA – INMETRO: PORTARIA 115. 21 março, 2022.

RAMOS, J. M. F. O Risco de Incêndio em Contexto Museológico. Contributos para a Gestão Integrada da Emergência. 2014. Dissertação de mestrado – Universidade do Porto, Portugal. Disponível em: <https://scholar.google.com.br/scholar?hl=pt-BR&as_=0%2C5&q=O+Risco+de+Inc%C3%AAndio+em+Contexto+Museol%C3%B3gico.+Contributos+para+a+Gest%C3%A3o+Integrada+da+Emerg%C3%AAncia+2014&btnG=>. Acesso em: 05 set. 2020.

Sistema de certificação ATEX. Disponível em: <https://www.bureauveritas.pt/atex>. Acesso em 25 março 2022.
Sistema IECEx. Disponível em: <https://www.iec.ch/basecamp/iecex-system>. Acesso em: 30 julho 2022.

Teoria do fogo. Disponível em<: ttp://www.sgc.goias.gov.br/upload/arquivos/2017- 03/manualcombateincendio.pdf>. Acesso em: 30 julho 2022.

TROTTER, D. A. The lighting of underground mines. Houston, EUA: Gulf Publishing Company, 1983.

Univer Industrial Autromation.<Disponível em <

https://www.univer-group.com/pt/cd/12/ctatexen-0217rev-011119.pdf >. Acesso em: 26 julho, 2022.

ZIMER, A.M. Estudo da corrosão do aço ao carbono em meio de sulfeto. 2009. Tese de doutorado – Universidade de São Carlos. Disponível em: <https://repositorio.ufscar.br/bitstream/handle/ufscar/6159/3075.pdf?sequence=1>. Acesso em: 14 julho 2022.

Obras do mesmo autor

Terceira edição 2022

Terceira edição em inglês 2022

Primeira edição 2014

Segunda edição 2016

bravema
Editora e Consultoria Eireli

Bravema editora e consultoria Eireli

Av. Nove de Julho, 3405 Sala 711 Anhangabaú - CEP 13208-056 - Jundiaí - SP

Fone 11 4087-3270

e-mail: mkt@bravema.com.br

www.ingramcontent.com/pod-product-compliance
Lightning Source LLC
LaVergne TN
LVHW010051061026
849532LV00004BC/1219

* 9 7 8 6 5 0 0 5 3 9 0 7 3 *